同济大学本科教材出版基金资助

U0183840

工程力学实验

刘五祥 编著

同济大学 出版社
TONGJI UNIVERSITY PRESS

图书在版编目(CIP)数据

工程力学实验 / 刘五祥编著. —上海：同济大学
出版社,2021.11
　　ISBN 978-7-5608-9957-2

　　Ⅰ. ①工⋯　Ⅱ. ①刘⋯　Ⅲ. ①工程力学-实验　Ⅳ.
①TB12-33

中国版本图书馆 CIP 数据核字(2021)第 213197 号

工程力学实验

刘五祥　编著

责任编辑　胡晗欣　　**责任校对**　徐春莲　　**封面设计**　陈益平

出版发行　同济大学出版社　　　www.tongjipress.com.cn
　　　　　(地址:上海市四平路 1239 号　邮编:200092　电话:021-65985622)
经　　销　全国各地新华书店
排　　版　南京文脉图文设计制作有限公司
印　　刷　常熟市大宏印刷有限公司
开　　本　787 mm×1092 mm　1/16
印　　张　8.75
字　　数　218 000
版　　次　2021 年 11 月第 1 版　　2021 年 11 月第 1 次印刷
书　　号　ISBN 978-7-5608-9957-2

定　　价　38.00 元

前 言

工程力学实验是工程力学教学中的重要组成部分,对学生综合素质、实践能力和创新精神的培养都具有非常重要的作用。本书在编写过程中,力图体现以下原则:

第一,着重阐述实验中的力学基础、测试原理和方法,实验内容由基本实验和选择实验组成,适合目前的开放性实验教学。

第二,实验教学内容与科研、工程密切联系,形成良性互动。部分实验内容直接由科研成果转化而来,实验内容与实际工程应用联系紧密,有一定的工程应用背景。

第三,注重自制仪器的开发与应用。部分实验应用自制的实验仪器设备,编写实验内容,独立开发出可以广泛实验的实验项目。如:摩擦实验、转动惯量实验以及磁浮导轨上的实验。

本书可以作为高等工科院校本科生、专科生的工程力学实验课与实验独立设课的教材,也可供有关工程技术人员、实验技术人员参考。

本书由同济大学刘五祥副教授编著。全书由同济大学聂国隽教授、王华宁教授以及吴昊副教授审阅,他们为本书的编写给予了很大的帮助和指导,并提出了很多宝贵的意见,在此表示诚挚的谢意。

由于作者水平有限,本书中难免有疏漏和不足之处,恳请广大读者和同行不吝赐教。

作 者
2021 年 8 月

目　　录

前言

第1章　绪　　论 ·· 001
　1.1　工程力学实验的意义和任务 ······························· 001
　1.2　实验课的注意事项 ··· 002

第2章　刚体力学实验 ·· 004
　2.1　摩擦实验 ··· 004
　2.2　转动惯量实验 ·· 013
　2.3　单转子动力学实验 ··· 021
　2.4　磁浮导轨上的实验 ··· 025
　2.5　振动实验 ··· 033

第3章　变形体力学实验 ··· 047
　3.1　拉伸与压缩实验 ·· 047
　3.2　电测原理及其桥路连接实验 ································ 057
　3.3　扭转实验 ··· 064
　3.4　梁弯曲正应力实验 ··· 072
　3.5　弯曲与扭转组合变形实验 ··································· 075
　3.6　压杆稳定实验 ·· 080
　3.7　偏心拉伸实验 ·· 084
　3.8　偏心压缩实验 ·· 086
　3.9　冲击实验 ··· 088
　3.10　光弹性实验 ··· 092
　3.11　残余应力测试实验 ··· 097
　3.12　组合结构应力测试实验 ···································· 103

附　录 ……………………………………………………………………… 105

附录 A　测量误差分析与实验数据处理 ……………………………… 105

附录 B　实验数据修约规定 ………………………………………… 116

附录 C　常见材料性能参数 ………………………………………… 121

附录 D　力学术语中英文对照索引 ………………………………… 124

参 考 文 献 ………………………………………………………… 132

第1章 绪 论

1.1 工程力学实验的意义和任务

工程力学是高等院校工科专业的重要专业基础课,它涵盖了理论力学和材料力学两门课程的内容。理论课上,教师所讲授的都是对人们长期的探索和实践进行科学抽象,总结出来的最为经典的理论成果,这些理论成果在工程实际中被广泛应用;实验课上,学生通过自己操作实验设备,观察实验现象,记录整理实验数据,得到相应的图表,再与理论比较,验证理论的正确性。通过实验练习,学生既加深了对课堂上学到的概念和理论的理解,又对工程力学性质和实验现象有了直观的认识。除了验证理论结果是否正确外,学科的发展也不能离开实验对新规律的不断探索。工程力学课程的形成和发展,是理论与实验交错实施、相辅相成、相互依赖和相互促进的结果。所以,工程力学实验在实践教学中具有其他教学环节不可替代的作用,一直以来受到各高等院校的重视。自1996年以来,面向21世纪的基础力学课程内容与体系改革在各高等院校展开,工程力学(理论力学和材料力学)实验改革被放在很重要的位置,工程力学实验的教学内容、体系与方法都有较大改革,尤其是基本实验的内容,不仅增加了实验学时,在研制综合性、设计性实验设备等方面也取得了众多有价值的成果。

2007年,教育部高等学校力学教学指导委员会和力学基础课程教学指导分委员会制定了《理工科非力学专业力学基础课程教学基本要求(试行)》,该基本要求除了对非力学专业力学基础课程教学学时提出最低要求外,还特别强调应注意加强实践性教学环节,鼓励各高校创造条件开设理论力学实验课和材料力学拓展性实验课。不同层次的学校在最低要求的基础上增加本校要求,制定本校的教学质量标准,体现本校的办学定位和办学特色。工程力学实验包含了理论力学实验和材料力学实验。长期以来,我国只有少数高校开展理论力学实验,而且多为验证性实验,这对于验证理论的正确性是非常必要的,但是没有和工程实际很好地结合在一起,对启发学生的主动思维和创新能力起不到应有的作用。目前大多数工程都有一定的特殊性和复杂性,离完全依靠经典理论给出完善的解释还有一定的差距。因此,理论力学实验应开设贴近工程应用的超静定结构内力测试和动力学系列实验,让学生自己动手、仔细观察、深入了解工程现象,进而分析、探索解决问题的合理方法与途径。除了开展理论力学综合设计性实验外,材料力学实验更应开设此类实验。因为材料的力学性能参数需要通过实验来测定,而且对构件的强度、刚度和稳定性问题进行理论分析时,也往往是首先根据实验所观察到的现象,提出假设,并建立相应的力学模型,然后再运用已知的力学和物理学规律以及合适的数学工具进行理论上的分析、归纳、演绎,从而得出新的结论,而这些结论正确与否又必须通过实验来检验。此外,对于一些形状和受力复杂的构件,当其强度、刚度和稳定性问题尚难以用理论分析解决时,则更需要运用实验的手段进行解答。虽然近年来计算机技术的开发应用和数值计算方法在材料的力学分析方面不断有新的发展,出现一系列的力学数值仿真实验,但这些数值仿真实验只是对力学模型实验提出了更高的要求,并不可能完全替代力学实验。这是因为数值仿真实验必须建立在可靠的力学性能参数和力学模型的基础上,而力学性能参数的测定又必须通过实验完成。因此,力学实验是工程力学课程的重要组成部分,是理论联系实际的实践性教学环节,也是培养学生的实际操作能力、观察能力、探索精神,养成良好的科学思维能力、创新能力的重要途径。同时,工程力学实验也是大学生接受工科高等教育过程中由理论学习逐步转向科学研究和工程实践的第一座桥梁。由此可见,了解、实施、掌握工程力学实验具有极为重要的意义。

基于上述认识,工程力学实验教学的主要任务如下:

(1)学习工程力学实验设备、仪器的使用和用实验解决工程力学问题的方法。

(2)应用电测法研究受力和形状较复杂的构件(结构)或者是自行设计构件的应力分布规律,进行实验应力分析。

(3)通过实验测定和研究工程材料的力学性能参数,包括材料的弹性、塑性、强度、韧性和疲劳特性等。

(4)验证理论力学和材料力学中的理论公式和主要结论,并通过实验来熟悉变形和应变的基本测试方法以及主要测试仪器。

(5)进行科学实验的基本训练,培养学生严谨认真的工作作风、实事求是的科学态度、分工合作的团队精神。增强观察和发现、分析和解决工程实际问题的能力。

1.2 实验课的注意事项

为了维持一个良好的教学秩序,培养学生科学严谨的工作作风,避免一切实验事故,保护国家的财产不受损坏,使实验课达到预期的教学目的,参加实验的同学必须遵守以下各项规则。

1. 课前认真准备

实验课前必须认真预习本书的有关内容,弄清楚实验的内容和目的、完成实验所需要使用的仪器设备、正确操作仪器设备的步骤和注意事项以及通过实验所要测取的数据等。

2. 认真进行实验

参加实验课必须做到以下几点:

(1)按时进入实验室。

(2)保持室内安静和清洁,不大声喧哗,不随地吐痰和乱丢杂物。

（3）未经指导老师同意，不得擅自动用任何仪器。必须遵守设备操作规程，因违规操作而造成设备损坏或人身伤害事故者，要按章处罚。

（4）同组合作的同学要分工明确，各负其责，及时记录各实验资料和数据。要人人动手，轮换进行实验的各个环节。

（5）实验结果请老师审阅并认可后方可结束实验。实验结束时要按顺序依次关掉各仪器电源，整理、清点实验仪器物品，搞好现场卫生，经老师同意后方可离开实验室。

3. 按时完成实验报告

实验报告是对实验的科学总结与归纳，是学生实验分析能力的具体体现，要求报告的内容全面、真实，格式规范，字迹工整，图文匹配。实验数据及计算数值要表格化。未参加实验者捏造或抄袭的实验报告一律无效。实验报告应包括以下内容：

（1）实验内容、实验日期。

（2）实验仪器的名称、型号。

（3）实验框图及实验原理简述。

（4）实验记录曲线及数据处理表格。

（5）对实验结果的分析与讨论，并结合理论结果与实验条件进行误差分析。

第2章 刚体力学实验

2.1 摩擦实验

摩擦是日常生活和工程实际问题中普遍存在的一种自然现象,同时它又是一个比较复杂的问题,所涉及的相关因素也较多,如物体的材质、表面粗糙度、相对运动速度、接触面积及环境的温度。因此,在理论力学的课程学习中,摩擦是比较抽象而又不易掌握的内容。摩擦同一切事物一样,具有双重性:它既表现为有利的一面,又表现为有害的一面。例如,重力坝依靠摩擦力防止坝体的滑动;在软土地基上兴建厂房时,依靠摩擦桩桩身表面与土体间的摩擦力来支撑基础上部的荷载;其他如机床上用的夹具、摩擦轮的传动以及车辆的行驶、人的行走等,无不是依靠摩擦来实现的。但是,也正是摩擦使运转的机器发热,消耗能量,降低效率,磨损部件,影响机器的正常使用。可以看出,摩擦与我们的日常生活是密切相关的。为了加强人们对摩擦本质的认识,实验研究摩擦也就显得尤为重要。

2.1.1 实验目的

(1)测量不同材料的静摩擦系数。
(2)测量不同材料的动摩擦系数。
(3)实验验证滑块在不同载荷下翻倒和滑动的情况。
(4)演示轮子在斜面上产生纯滚动和又滚又滑运动的情况。

2.1.2 实验仪器

该摩擦实验装置(图 2.1.1),可以测定静、动摩擦系数及物体的加速度,并可以进行在不同情况下物体滑动、翻倒、滚动的实验。为了达到以上目的,该装置设计了滑板转动的传动机构。由转动轴带动滑板转动来改变滑板的倾角,通过改变限位器的位置,倾角范围可在 0°~90°任意设定。滑板倾角调整由电动机带动调整,电动机有多个转速挡位,以实现快速调整及微调。在滑板倾角测量方面,设计转动轴与角度传感器的连接,并通过液晶显示器及采集显示模块达到实时监测的目的,滑板每一时刻的角度变化由液晶屏显示。在滑块测速方面,设计光电传感器测量滑块初速度、末速度、加速度及时间,并通过液晶显示屏及采集显示模块达到实时监测的目的,滑块初速度、末速度、加速度及时间由液晶屏显示;滑槽配有刻度尺,以便与实验测得数据进行相互验证。

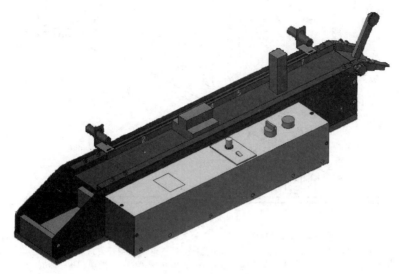

图 2.1.1　摩擦实验装置

　　为了提高实验精度,本实用新型专利(该摩擦实验装置)主要包括以下两方面内容:①直接通过电机及电机控制器对滑板倾角进行快速调节及精确微调;②实现初速度、末速度及加速度的准确测量,且初速度、末速度测量位置可任意调整。为了达到这两个目的,分别采用如下设计方案。

1. 滑板倾角的快速调节与精确微调

　　滑板倾角调整由电动机带动调整,通过电机控制器的多个转速挡位,实现快速调整及微调。具体如下:

　　传动部分如图 2.1.2(a)所示。它主要由减速电机(5)、锥齿轮 1(3)、锥齿轮 2(4)、滑道板连接座(2)、机架(1)、输出轴(8)、角度传感器支架(9)、显示屏(10)、电机控制器(11)、滑道升降开关(14)、电源开关(15)以及滑道板(21)部件组成。调节方式如下:

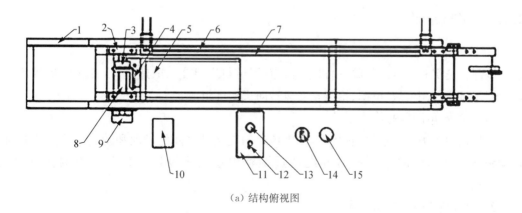

(a) 结构俯视图

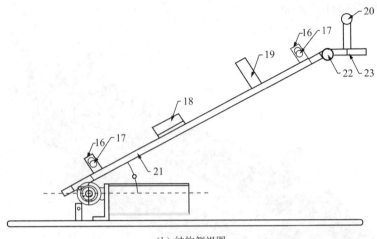

(b) 结构侧视图

1—机架；2—滑道板连接座；3—锥齿轮1；4—锥齿轮2；5—电机；6—传感器滑槽；7—刻度尺；8—输出轴；9—角度传感器支架；10—显示屏；11—电机控制器；12—电机控制开关；13—电机调速旋钮；14—滑道升降开关；15—电源开关；16—传感器支架；17—光电传感器；18—滑块；19—翻倒块；20—滑轮；21—滑道板；22—滑轮板调节旋钮；23—滑轮板

图 2.1.2　摩擦实验装置结构图

当需要快速调整时，将滑道升降开关(14)调至上升或下降，电机控制开关(12)打开，电机控制器(11)的电机调速旋钮(13)顺时针旋转，电机(5)快速转动，锥齿轮 1(3)转动，锥齿轮 2(4)转动，带动输出轴(8)转动，同时滑道板(21)通过滑道板连接座(2)与输出轴(8)固定，输出轴(8)转动带动滑道板(21)转动。

当接近设定角度并需要微调时，将电机控制器(11)电机调速旋钮(13)逆时针旋转，电机(5)以极慢的速度带动滑道板(21)转动，到设定角度时将电机控制开关(12)关闭。

2. 初速度、末速度及加速度的准确测量

在滑道板(21)上设置两个光电传感器支架(16)，传感器支架(16)可沿传感器滑槽(6)移动并紧固，方便测量任意两点的初速度和末速度，并计算加速度。

2.1.3　实验原理

1. 滑道倾角调整机构

该部分是实验装置的基础，由机架、滑道(滑道材质可变)、减速电机、变速控制器、液晶显示器及显示控制模块、电源、锥齿轮变速转向机构等组成。

1) 滑道倾角调整的传动方式

电机输出动力，通过锥齿轮传动，用来传递两交错轴之间的运动和动力。该传动平稳，运动精度高，噪声和振动较小，并能通过调整限位器来设定工作范围内的任意角度(0°~90°)。

2) 滑道倾角的上升与下降

滑道倾角的上升与下降通过电机正反转旋钮控制实现。当需要上升时，将电机正反转旋钮调至上升,并由电机控制器调整上升速度;当需要下降时,将电机正反转旋钮调至下降,并由电机控制器调整下降速度。操作步骤如下:

(1) 将电线插头插入交流 220 V,50 Hz 电源插座,按下实验装置操作面板上总电源开关。

(2) 需要上升时,将旋钮开关调至"上升"位,需要下降时,将旋钮开关调至"下降"位。

(3) 按下电机控制器电源开关按钮,通过电机挡位调节器调节上升、下降速度快慢[详见 3)滑道倾角快速调整与微调的控制方式]。

3) 滑道倾角快速调整与微调的控制方式

滑道倾角调整由电动机带动调整,通过电机控制器的多个转速挡位,实现快速调整及微调。操作步骤如下:

(1) 当需要快速调整时,将电机控制器挡位旋钮顺时针旋转,并注意液晶显示角度变化,同时观察滑道上升速率。

(2) 当接近设定角度并需要微调时,将电机控制器挡位旋钮逆时针旋转,并注意液晶显示角度变化,同时观察滑道上升速率。

(3) 当调整至所需倾角时,应关闭电机控制器电源开关,为下一步操作做准备。

2. 角度显示机构

通过角度传感器测量角度变化,通过液晶显示器及显示控制模块采集即时显示角度值。在转轴输出部位设立角度传感器连接部分以及传感器安装座,机架上确定固定位置,将转动轴、角度传感器、机架连接为一体;且保持角度传感器与转动轴之间的同轴度、与机架的垂直度。当转轴带动滑道转动时,角度传感器将测得数据传送至显示器,即可反映出滑道的倾斜角度,角度显示精度值为 0.01°,大大提高了测量精度,减少了实验角度测量的误差。该部分电源在总电源开通时开通。在使用本实验装置前,须将工作台作水平调整,以免引起滑道倾角的累计误差。

3. 数字测时测速模块

测时测速模块有两路红外发射信号输入(电脉冲信号),机器连接的红外发射信号被物块遮挡时,红外模块会返回一组高电平信号,利用 stm32f103rct6 单片机的计时器中断进行时间测量,可以测得物块滑行时遮挡住红外信号的时间(范围可在 50 μs ~ 99 s)。利用两组红外模块,便可以测得物块滑行在开始与结束时的两组时间。同时,当物块滑过第一组红外模块时,开启另一组定时器中断函数,并在滑过第二组红外模块时结束该中断,通过计算得到物块总的滑行时间。该测时器还具有数据的存储功能和运算功能,可直接测出物块滑行的平均速度和平均加速度。

1) 测时

(1) 测时范围:50 μs ~ 99 s。

(2) 分辨率:1 μs。

(3) 精度:50 μs(最大时间测量范围为 1 s 时)。

2) 测速

(1) 初速度:根据滑块长度和滑块运行时间,计算滑块的初速度。

$$V_{初} = s/t_{初} \tag{2.1.1}$$

（2）末速度：根据滑块长度和滑块运行时间，计算滑块的末速度。

$$V_{末} = s/t_{末} \tag{2.1.2}$$

（3）加速度：根据滑块初速度、末速度及总滑行时间，计算滑块的加速度。

$$a = (V_{末} - V_{初})/t_{总} \tag{2.1.3}$$

3）计数

（1）计数最大容量：99 999 999。

（2）信号间最小时间间隔：1 μs。

4）显示方式

采用 2.8 英寸 TFT 液晶显示屏，分别显示实验时滑块的滑行总时间、初速度、末速度以及滑行的加速度，可更改小数点后有效数字位数。

5）环境条件

温度：+0～+40℃。

4. 测时测速工作原理

数字测时测速以 stm32f103rct6 单片机为核心，外加红外信号调理电路和显示电路组成，其构造如图 2.1.3 所示。

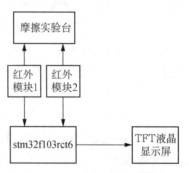

图 2.1.3　测时测速构造简图

利用两路红外模块，发射红外信号，当滑块滑过遮挡红外光时，红外模块会返回 TTL 或电平脉冲信号。将这两路 TTL 或电平脉冲信号（上升沿触发计时器计时）通过调理电路，将该信号经调理变成 3.3 V 电平送至 stm32f103rct6 单片机，由单片机完成计时、计数及测速等工作。

5. 滑动摩擦系数计算公式推导

假设质量为 m 的滑块沿滑道下滑，滑道的倾角为 φ，以沿滑道向下的方向为 x 轴方向，垂直于滑道向上的方向为 y 轴方向，其受力分析如图 2.1.4 所示。由于静摩擦系数 $f_s = \tan\theta$（θ 为摩擦角），因此当 $\varphi > \theta$ 时，滑块可沿滑道下滑。下面推导动摩擦系数的表达式。

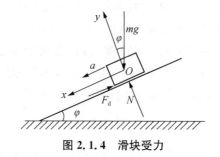

图 2.1.4　滑块受力

$$\sum F_y = 0, \ N = mg\cos\varphi \tag{2.1.4}$$

$$\sum F_x = ma, \ ma = mg\sin\varphi - Nf_d \tag{2.1.5}$$

将式(2.1.4)代入式(2.1.5)得动摩擦系数的计算公式:

$$f_d = \tan\varphi - \frac{a}{g\cos\varphi} \tag{2.1.6}$$

式中, f_d 为动摩擦系数; a 为滑块下滑的加速度; g 为重力加速度。

2.1.4　实验步骤

1. 静摩擦系数测试

(1) 打开仪器电源开关,将滑道板的倾角调节至适当倾角。

(2) 将滑块放在滑道上(静止),慢慢增加滑道的倾角,只要滑块在滑道上有一点点的相对滑动,即停止倾角的增加。记下这时的倾角。这时倾角的正切值就是最大静摩擦系数。

(3) 步骤(2)重复测 10 次。把最大值和最小值舍去,取 8 个实验值的平均值即测得的实验值。

2. 动摩擦系数测试

(1) 打开仪器电源开关,将滑道板的倾角调节至适当倾角(使滑块能较顺畅地下滑)。

(2) 将滑块放在滑道上,滑块下滑的过程中,经过上、下两个光电传感器。这时,我们可以读出 TFT 液晶屏上的倾角和滑块下滑的加速度,代入式(2.1.6)即可计算出动摩擦系数。

(3) 步骤(2)重复测 10 次。把最大值和最小值舍去,取 8 个实验值的平均值即测得的实验值。

3. 翻转实验

(1) 打开仪器电源开关,将滑道板的倾角调节至适当倾角。

(2) 将翻转块竖着放在滑道上,翻转块的顶部用细绳拉住,该细绳绕过定滑轮,另一端连着托盘,在托盘里面加不同规格的砝码,使得托盘和翻转块在细绳的张力作用下保持静止。

如果要使滑块向上翻(或者滑),则向托盘里面慢慢加砝码,达到上翻(或者滑)的临界状态(上翻:翻转块下边稍微有一点点离开滑道;上滑:只要有一点点向上滑动的趋势),这时,砝码的质量之和加上托盘的质量即为向上翻(或者滑)的实验值。

如果要使滑块向下翻(或者滑),则向托盘里面慢慢加砝码,达到下翻(或者滑)的临界状态(下翻:翻转块上边稍微有一点点离开滑道;下滑:只要有一点点向下滑动的趋势),这时,砝码的质量之和加上托盘的质量即为向下翻(或者滑)的实验值。

(3)步骤(2)重复测3次,取3个实验值的平均值即测得的实验值。

(4)分别计算向上翻(滑)和向下翻(滑)的理论值,与所得实验值进行比较。

2.1.5 问题讨论

(1)引起实验误差的原因有哪些?在做该实验的过程中,怎样才能尽量减小实验误差?

(2)采用本实验测量方法,对被测物体表面有什么要求?

(3)比较一下铁与铁、铁与木以及木与木之间摩擦系数的大小。

2.1.6 实验结果与分析

1. 静摩擦系数测定

(1)木与木表面之间的静摩擦系数见表 2.1.1。

表 2.1.1 木与木表面之间的静摩擦系数

测试次数	1	2	3	4	5	6	7	8	9	10
实测值 φ										
实测值 f_s										
静摩擦系数的统计平均值(去掉最大值与最小值,然后平均)$f_s=$										

(2)木与铁表面之间的静摩擦系数见表 2.1.2。

表 2.1.2 木与铁表面之间的静摩擦系数

测试次数	1	2	3	4	5	6	7	8	9	10
实测值 φ										
实测值 f_s										
静摩擦系数的统计平均值(去掉最大值与最小值,然后平均)$f_s=$										

(3)铁与铁表面之间的静摩擦系数见表 2.1.3。

表 2.1.3 铁与铁表面之间的静摩擦系数

测试次数	1	2	3	4	5	6	7	8	9	10
实测值 φ										
实测值 f_s										
静摩擦系数的统计平均值(去掉最大值与最小值,然后平均)$f_s=$										

2. 动摩擦系数测定

（1）木与木表面之间的动摩擦系数见表 2.1.4。

表 2.1.4　木与木表面之间的动摩擦系数

测试次数	φ	$\tan \varphi$	$\cos \varphi$	a	f_d
1					
2					
3					
4					
5					
6					
7					
8					
9					
10					
动摩擦系数的统计平均值（去掉最大值与最小值,然后平均）$f_d =$					

（2）木与铁表面之间的动摩擦系数见表 2.1.5。

表 2.1.5　木与铁表面之间的动摩擦系数

测试次数	φ	$\tan \varphi$	$\cos \varphi$	a	f_d
1					
2					
3					
4					
5					
6					
7					
8					
9					
10					
动摩擦系数的统计平均值（去掉最大值与最小值,然后平均）$f_d =$					

（3）铁与铁表面之间的动摩擦系数见表 2.1.6。

表 2.1.6　铁与铁表面之间的动摩擦系数

测试次数	φ	$\tan \varphi$	$\cos \varphi$	a	f_d
1					
2					
3					
4					
5					
6					
7					
8					
9					
10					
动摩擦系数的统计平均值（去掉最大值与最小值，然后平均）$f_d=$					

3. 当滑块高度较大，加载不同荷载（砝码）时，其在自重作用下（滑道固定倾角），向下翻倒和滑动的最大荷载以及滑块向上翻倒和滑动的最大荷载

（1）木与木表面上翻倒和滑动的最大荷载见表 2.1.7。

表 2.1.7　木与木表面上翻倒和滑动的最大荷载

砝码	向下滑	向下翻	向上滑	向上翻
1				
2				
3				

（2）木与铁表面上翻倒和滑动的最大荷载见表 2.1.8。

表 2.1.8　木与铁表面上翻倒和滑动的最大荷载

砝码	向下滑	向下翻	向上滑	向上翻
1				
2				
3				

（3）铁与铁表面上翻倒和滑动的最大荷载见表 2.1.9。

表 2.1.9　铁与铁表面上翻倒和滑动的最大荷载

砝码	向下滑	向下翻	向上滑	向上翻
1				
2				
3				

2.2　转动惯量实验

转动惯量是描述刚体在转动中其惯性大小的物理量，它与刚体的质量分布及转轴位置有关。正确测定物体的转动惯量，对于了解物体转动规律、机械设计制造有着非常重要的意义。然而在实际工程中，大多数物体的几何形状都不是规则的，难以直接用理论公式算出其转动惯量，只能借助于实验的方法来实现。因此，在工程技术中，用实验的方法来测量物体的转动惯量就显得十分重要了。

2.2.1　实验目的

（1）了解多功能计数计时毫秒仪实时测量（时间）的基本方法。
（2）用刚体转动法测定物体的转动惯量。
（3）验证刚体转动的平行轴定理。
（4）验证刚体定轴转动惯量与外力矩无关。
（5）分析实验中误差产生的原因和实验中为减小误差应采取的实验手段。

2.2.2　实验仪器

IM-2 刚体转动惯量实验仪（图 2.2.1），应用霍尔开关传感器结合计数计时多功能毫秒仪自动记录刚体在一定转矩作用下，转过 θ 角位移的时刻，测定刚体转动时的角加速度和刚体的转动惯量。因此，本实验仪提供了一种测量刚体转动惯量的新方法，实验思路新颖、科学，测量数据精确，仪器结构合理，维护简单方便，是开展研究型实验教学的新仪器。

2.2.3　实验原理

1. 转动力矩、转动惯量和角加速度的关系

当系统受外力作用时，系统作匀加速转动。系统所受的外力矩有两个，一个为绳子张力 F 产生的力矩 $M_O = Fr$（r 为塔轮上绕线轮的半径），另一个是摩擦力偶矩 M_μ。所以

$$M_O + M_\mu = J_c \alpha_2$$

即
$$Fr + M_\mu = J_c \alpha_2 \tag{2.2.1}$$

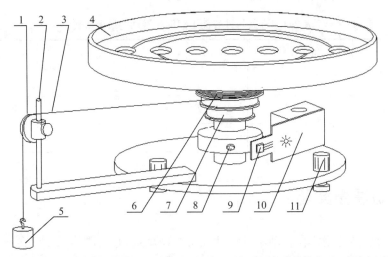

1—滑轮;2—滑轮高度和方向调节组件;3—挂线;4—铝质圆盘形载物台;5—加力矩砝码;6—塔轮上的绕线;7—绕线塔轮组;8—磁钢,相对霍尔开关传感器时,传感器输出低电平;9—霍尔开关传感器,红线接毫秒仪+5 V接线柱,黑线接 GND 接线柱,黄线接 INPUT 接线柱;10—传感器固定架,装有磁钢,可任意置于铁质底盘上;11—实验样品水平调节旋钮

图 2.2.1　IM-2 刚体转动惯量实验仪

式中,α_2 为系统的角加速度,此时为正值;J_c 为转动系统的转动惯量;M_μ 为摩擦力矩,数值为负。

由牛顿第二定律可知,设砝码下落时的加速度为 a,则运动方程为

$$mg - F = ma$$

绳子张力 F 为

$$F = m(g - r\alpha_2)$$

式中,g 为重力加速度;α_2 为系统的角加速度;r 为塔轮上绕线轮的半径。

当砝码与系统脱离后,此时砝码力矩 $M_O = 0$,摩擦力矩 M_μ 使系统作角加速度 α_1 转动,α_1 数值为负。运动方程(2.2.1)变为

$$M_\mu = J_c \alpha_1 \tag{2.2.2}$$

由方程(2.2.1)和方程(2.2.2)可得

$$m(g - r\alpha_2)r + J_c \alpha_1 = J_c \alpha_2$$

$$J_c = \frac{mr(g - r\alpha_2)}{\alpha_2 - \alpha_1} \tag{2.2.3}$$

2. 角加速度的测量

设转动系统在 $t = t_0$ 时刻的初角速度为 ω_0,角加速度为 α,转动 t 时间后,其角位移 θ 为

$$\theta = \omega_0 t_0 + \frac{1}{2}\alpha t_0^2$$

若测得角位移 θ_1，θ_2 与相应的时间 t_1，t_2，得

$$\theta_1 = \omega_0 t_1 + \frac{1}{2}\alpha t_1^2 \tag{2.2.4}$$

$$\theta_2 = \omega_0 t_2 + \frac{1}{2}\alpha t_2^2 \tag{2.2.5}$$

所以

$$\alpha = \frac{2(\theta_2 t_1 - \theta_1 t_2)}{t_2^2 t_1 - t_1^2 t_2} = \frac{2(\theta_2 t_1 - \theta_1 t_2)}{t_1 t_2 (t_2 - t_1)} \tag{2.2.6}$$

实验时，角位移 θ_1，θ_2 可取 2π，4π，…，实验转动系统转过 π 角位移，计数计时毫秒仪的计数窗内计数次数＋1。以计数 0 作为角位移开始时刻，实时记录转过 π 角位移的时刻，计算时将任意角位移时刻减去角位移开始时刻，转化成角位移的时间，应用上述公式(2.2.6)，得到角加速度。实验取值时，因刚开始转动时摩擦不稳定，一般以转过一圈后作为测速计时段较可靠。

在求角速度 α_1 时，注意砝码与系统脱离的时刻，以下一时刻作为系统作角加速度角位移起始时刻，计算角位移时间时，将任意角位移时刻减去该角位移开始时刻，在该时间段角加速度为负，实际上是角减速度角位移。

3. 转动惯量 J_c 的"理论公式"

(1) 设圆环形试件，质量分布均匀，质量为 m，其对中心轴的转动惯量为 J_c，外径为 D_1，内径为 D_2，则

$$J_c = \frac{1}{8}m(D_1^2 + D_2^2) \tag{2.2.7}$$

若为盘状试件，则 $D_2 = 0$。

(2) 平行移轴定理：设转动体系的转动惯量为 J_c，当有 m_1 的部分质量远离转轴平行移动 d 的距离后，则体系的转动惯量增为

$$J_o = J_c + m_1 d^2 \tag{2.2.8}$$

2.2.4　实验步骤

测转动体系的转动惯量实验中的角加速度 α_1，α_2 的方法如下：

(1) 放置仪器，滑轮置于实验台外 3～4 cm，调节仪器处于水平。设置毫秒仪计数次数。

(2) 连接传感器与计数计时毫秒仪。调霍尔传感器与磁钢间距为 0.4～0.6 cm，转离

磁钢,复位毫秒仪,转动到磁钢与霍尔传感器相对时,毫秒仪低电平指示灯亮,开始计数和计时。

(3) 将质量为 $m=100$ g 的砝码挂线的一端打结,沿塔轮上开的细缝塞入,并整齐地绕于半径为 r 的塔轮。

(4) 调节滑轮的方向和高度,使挂线与绕线塔轮相切,挂线与绕线轮的中间呈水平。

(5) 释放砝码,砝码在重力作用下带动转动体系作加速度转动。

(6) 计数计时毫秒仪自动记录系统从 0π 开始做 1π,2π,…角位移相应时刻的记录。

注意事项:

(1) 连接霍尔开关传感器组件和毫秒仪,红线接 +5 V 接线柱,黑线接 GND 接线柱,黄线接 INPUT 接线柱。

(2) 将霍尔传感器放置于合适的位置,当系统转过约 $\pi/2$ 角位移后,毫秒仪开始计数计时。

(3) 挂线长度以挂线脱离塔轮后,砝码离地 3 cm 左右为宜。

(4) 实验中,在砝码钩挂线脱离塔轮前转动体系作正加速度 α_2 转动,在砝码钩挂线脱离塔轮后转动体系作负加速度 α_1 转动,须分清正加速度 α_2 到负加速度 α_1 的计时分界处。

(5) 数据处理时,系统作负加速度 α_1 转动的开始时刻,可以选为分界处的下一时刻,即任意角位移时间须减去该时刻。

(6) 实验中,砝码置于相同高度后释放,以利于数据一致。

实验内容(必做部分)如下:

(1) 由塔轮、铝盘载物台等组成转动系统,测量在砝码力矩作用下的角加速度 α_2 和砝码挂线脱离后的角加速度 α_1,依驱动砝码、绕线半径确定驱动力矩,测定空载时实验系统的转动惯量。

(2) 以铝盘作为载物台,加载环形钢质实验样品,测量在砝码力矩作用下的角加速度 α_2 和砝码挂线脱离后的角加速度 α_1。

(3) 以铝盘作为载物台,测定加载圆柱形实验样品在离转轴距离分别为 40 mm,80 mm,120 mm 时实验系统的转动惯量,测量出实验样品在一定转轴下的转动惯量。比较实验值与理论值。

2.2.5 实验数据

1. 测量空载时实验系统的转动惯量 J_{c1}

砝码质量 $m=100$ g,绕线半径 $r=20$ mm,由砝码重力作外力矩时,以转过 2π 作为计时段开始时刻,则转动至 4π,6π 角位移时的时间分别为 t_1,t_2。转动系统作正角加速度转动,$\theta_1=2\pi$,$t_1=T_4-T_2$,$\theta_2=4\pi$,$t_2=T_6-T_2$,代入公式(2.2.6),得

$$\alpha_2=\frac{2(\theta_2 t_1-\theta_1 t_2)}{t_1 t_2(t_2-t_1)}=\frac{4\pi(2t_1-t_2)}{t_1 t_2(t_2-t_1)}$$

砝码挂线脱离后下一时刻即转动至 14π 角位移时为角减速度计算时刻,转动至 2π,4π 角位移时的时间分别为 t_3,t_4。转动系统作负角加速度转动,$\theta_1 = 2\pi$,$t_3 = T_{16} - T_{14}$,$\theta_2 = 4\pi$,$t_4 = T_{18} - T_{14}$,代入公式(2.2.6),得

$$\alpha_1 = \frac{2(\theta_4 t_3 - \theta_3 t_4)}{t_3 t_4 (t_4 - t_3)} = \frac{4\pi(2t_3 - t_4)}{t_3 t_4 (t_4 - t_3)}$$

因此,系统的转动惯量 J_{c1} 由式(2.2.3)得

$$J_{c1} = \frac{mr(g - r\alpha_2)}{\alpha_2 - \alpha_1}$$

空盘转动惯量的测试数据如表 2.2.1 所示。

表 2.2.1　空盘的转动惯量

测试次数	角位移时刻						时间/s				α_2/s^{-2}	α_1/s^{-2}	$I/(\mathrm{g \cdot cm^2})$
	2π	4π	6π	14π	16π	18π	t_1	t_2	t_3	t_4			
1													
2													
3													
4													

将表 2.2.1 中的转动惯量 I 取平均值,可求得 J_{c1}。

2. 加载环形钢质实验样品于铝质载物盘内环形槽内,测量在砝码力矩作用下的角加速度 α_2 和砝码挂线脱离后的角加速度 α_1

砝码质量 $m = 100$ g,绕线半径 $r = 2.0$ cm。

环形钢质实验样品:$m = 996$ g,外径 $D_外 = 21.5$ cm,内径 $D_内 = 17.5$ cm。

空盘加圆环的转动惯量测试数据如表 2.2.2 所示。

表 2.2.2　空盘加圆环的转动惯量

测试次数	角位移时刻						时间/s				α_2/s^{-2}	α_1/s^{-2}	$I/(\mathrm{g \cdot cm^2})$
	2π	4π	6π	14π	16π	18π	t_1	t_2	t_3	t_4			
1													
2													
3													
4													

由砝码重力作力矩时,转动至 2π, 4π 角位移时的时间分别为 t_1, t_2。转动系统作正角加速度转动, $\theta_1 = 2\pi$, $t_1 = T_4 - T_2$, $\theta_2 = 4\pi$, $t_2 = T_6 - T_2$,代入公式(2.2.6),得

$$\alpha_2 = \frac{2(\theta_2 t_1 - \theta_1 t_2)}{t_1 t_2 (t_2 - t_1)} = \frac{4\pi(2t_1 - t_2)}{t_1 t_2 (t_2 - t_1)}$$

砝码挂线脱离后下一时刻即转动至 12π 角位移时为角减速度计算时刻,转动至 2π, 4π 角位移时的时间分别为 t_3, t_4。转动系统作负角加速度转动, $\theta_1 = 2\pi$, $t_3 = T_{16} - T_{14}$, $\theta_2 = 4\pi$, $t_4 = T_{18} - T_{14}$,代入公式(2.2.6),得

$$\alpha_1 = \frac{2(\theta_4 t_3 - \theta_3 t_4)}{t_3 t_4 (t_4 - t_3)} = \frac{4\pi(2t_3 - t_4)}{t_3 t_4 (t_4 - t_3)}$$

因此,系统的转动惯量 J_{c2} 由式(2.2.3)得

$$J_{c2} = \frac{mr(g - r\alpha_2)}{\alpha_2 - \alpha_1}$$

由表 2.2.2 中加载后转动系统的转动惯量 I 取平均值,可求得 J_{c2}。

因此,环形钢质实验样品转动惯量 J_{c3} 为

$$J_{c3} = J_{c2} - J_{c1}$$

环形钢质实验样品转动惯量理论值:

实验样品: $m_{铁环} = 996\ \text{g}$,外径 $D_外 = 21.5\ \text{cm}$,内径 $D_内 = 17.5\ \text{cm}$。 则

$$J'_{c3} = \frac{1}{8} m_{铁环}(D_外^2 + D_内^2) = \frac{1}{8} \times 996 \times (21.5^2 + 17.5^2)$$

$$= 95\ 678\ (\text{g} \cdot \text{cm}^2) = 95.7\ (\text{kg} \cdot \text{cm}^2)$$

将实验值与理论值进行比较,百分差为

$$E = \frac{|J_{c3} - J'_{c3}|}{J'_{c3}} \times 100\%$$

3. 验证平行移轴定理

将圆柱形实验样品放置于载物台上,两样品相距转轴中心对称放置于圆形凹槽内,偏心距分别为 40 mm, 80 mm, 120 mm,测量在砝码力矩作用下的角加速度 α_2 和砝码挂线脱离后的角加速度 α_1。计算转动系统铝盘偏心安装后其转动惯量的增量,验证平行移轴定理。

实验样品质量为 400 g,外径为 38 mm,偏心距 $d = 12.0\ \text{cm}$,数据如表 2.2.3 所示。

表 2.2.3　空盘加圆柱体的转动惯量

测试次数	角位移时刻						时间/s				α_2/s^{-2}	α_1/s^{-2}	$I/(\mathrm{g \cdot cm^2})$
	2π	4π	6π	14π	16π	18π	t_1	t_2	t_3	t_4			
1													
2													
3													
4													

将表 2.2.3 中的转动惯量 I 取平均值,可得系统转动惯量 J_{c4}。

因此,放置于载物盘上的实验样品的转动惯量:

$$J_{c5} = J_{c4} - J_{c1} (\mathrm{kg \cdot cm^2})$$

依照平行移轴定理,距离转轴平行移动 12.0 cm 后,圆柱形实验样品的转动惯量理论值为

$$J'_{c5} = \frac{1}{8} M_{圆柱} D^2 + M_{圆柱} d^2$$

将实验值与理论值进行比较,百分差为

$$E = \frac{|J_{c5} - J'_{c5}|}{J'_{c5}} \times 100\%$$

按表 2.2.3 的方法依次测出偏心距分别为 40 mm,80 mm,120 mm 时的转动惯量,从而来验证平行移轴定理。

2.2.6　问题讨论

(1) 随着圆柱体离开轴心越来越远,所测圆柱体的转动惯量实验值的精度有什么变化?

(2) 把一个质量相对于托盘小很多的被测刚体放在托盘中心点测量时,会得到什么结果?

(3) 绕线的时候,为什么不能把线绕得堆起来?

(4) 砝码下落的时候,为什么不能摆动着下落?

────────── **MS-1/MS-2 计数计时毫秒仪使用说明** ──────────

1. 概述

MS-1/MS-2 系列计数计时毫秒仪采用单片机作主件,其具有测量时间、周期准确度高、重复性好的优点,特别是没有第一个周期的计时误差。自动地利用下降边沿触发开始计时和结束计时,是物理实验中的基本测量仪器,可应用于(集成霍尔传感器与简谐振动实验仪中)测量弹簧的振动周期、(在单摆实验中)测量单摆的振动周期、(在磁阻尼和动摩擦系数测定仪中)测量滑块匀速下滑的时间、(在三线摆实验中)测量摆的振动周期,也可结合

该厂生产的激光光电门,在气垫导管实验中进行速度测量,和本计时仪接口的传感器可以是集成霍尔开关传感器,也可以是光电门,备有+5V电源和信号输入接线柱,可作为上述传感器的电源和信号响应,实验输入信号是常态高电平,有效作用是由高电平向低电平的跳变,类似信号可多组并联接入,计时时间按次数先后可查阅,分别读出对应输入信号的时间,直至保存到按复位钮,因此实验数据采集处理准确而方便。

2. 仪器示意图(图2.2.2)

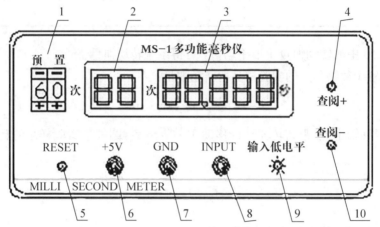

1—计时次数设定拨码按钮;2—次数显示屏;3—时间显示;4—次数+1时间查阅钮;5—计数、计时复位钮;6—+5 V电源接线柱;7—GND地接线柱;8—信号输入接线柱;9—输入低电平指示;10—次数−1时间查阅钮

图 2.2.2 MS-1 计数计时毫秒仪示意

3. 技术指标

(1) 量程和分辨率(表2.2.4)。

表 2.2.4 实验仪器技术指标

仪器型号	被测次数	量程/s	分辨率/s	备注
MS-1/MS-2	1~64	0.001~99.999	0.001	计数、计时、可记忆备查阅

(2) 准确度优于0.02%。

(3) 计时仪输入端电压幅度在0~5 V,由高电平向低电平跳变时为有效信号。超过0~5 V的输入电压幅度可能损坏计数计时毫秒仪,务请避免。以使用毫秒仪电源为妥。

(4) 计时仪附带的标准+5 V电源,其负载电流小于0.5 A,可为霍尔传感器、激光光电门提供标准+5 V工作电源。上述传感器可以并联接入输入信号端和电源端,一般小于10个为宜。

(5) 输入电压:AC 220 V±10%×220 V,50 Hz。

(6) 功耗:<5 W。

(7) 工作温度:0~50℃, 80% R_H。

2.3 单转子动力学实验

2.3.1 实验目的

(1) 了解动平衡的基本概念。

(2) 了解刚性转子动平衡测试装置。

(3) 了解刚性转子动平衡常用的方法——两平面影响系数法。

2.3.2 实验仪器

(1) 转子系统(转速 0~4 000 r/m,临界转速≥5 000 r/m)。

(2) 自耦调压器。

(3) 动平衡试验机(图 2.3.1)。

(4) 光电转换器(转速:200~600 000 r/m;位移:0.1~2 000 μm)。

(5) 电涡流位移计(频率:DC~1 000 Hz;位移:2 mm 峰值)。

(6) 电子示波器。

(7) 精密天平。

(8) 万用电表。

(9) 台式计算机。

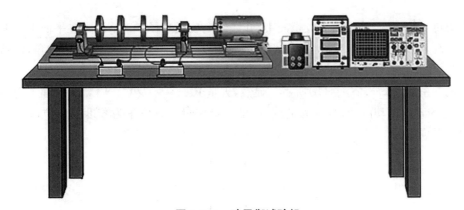

图 2.3.1　动平衡试验机

2.3.3 实验原理和方法

在机械的旋转部件中,具有固定旋转轴的部件称为转子。如果一个转子的质量分布均匀,在旋转时对轴承只产生静压力,则称之为平衡的转子。反之,旋转时对轴承除了产生静压力外还有附加动压力的,则是不平衡的转子。

当转子旋转时,所有的质量单元产生的惯性力都将使转子变形,并使转子挠曲。如果转子是刚性的,则不会变形,但完全刚性的转子实际上并不存在。如果转子的质量不大,转轴跨距不长,转速也不高,则旋转时转子变形很小,其影响可以忽略不计,可假设这种转子为刚性转子。

本实验采取一种刚性转子动平衡常用的方法——两平面影响系数法。该方法无需专用平衡机,只要求一般的振动测量,适合在转子工作现场进行平衡作业。

根据理论力学的动静法原理,一匀速旋转的长转子,其连续分布的离心惯性力系,可向质心 C 简化为一合力(主矢)$\boldsymbol{R}$ 和一合力偶 $\boldsymbol{M}_C$(主矩)。如果转子的质心恰在转轴上,且转轴恰好是转子的惯性主轴,则合力 $\boldsymbol{R}$ 和合力偶矩 $\boldsymbol{M}_C$ 的值均为零,这种情况称转子是平衡的;反之,不满足上述条件的转子是不平衡的。不平衡转子的轴与轴承之间产生交变的作用力和反作用力,可引起轴承座和转轴本身的强烈振动,从而影响机器的工作性能和工作寿命。

刚性转子动平衡的目标是使离心惯性力的合力和合力偶矩的值趋近于零。为此,可以在转子上任意选定两个截面 Ⅰ,Ⅱ(称校正平面),在离轴心一定距离 r_1,r_2(称校正半径),与转子上某一参考标记为夹角 θ_1,θ_2 处,分别附加一块质量为 m_1,m_2 的重块(称校正质量),如能使两质量 m_1 和 m_2 的离心惯性力(其大小分别为 $m_1 r_1 \omega^2$ 和 $m_2 r_2 \omega^2$,ω 为转动角速度)的合力和合力偶矩正好与原不平衡转子的离心惯性力系相平衡,那么就实现了刚性转子的动平衡。

两平面影响系数法的实验过程如下:

在额定的工作转速或任选的平衡转速下,检测原始不平衡引起的轴承或轴颈 A,B 在某方位的振动量 $\boldsymbol{V}_{10} = |\boldsymbol{V}_{10}| \angle \psi_1$ 和 $\boldsymbol{V}_{20} = |\boldsymbol{V}_{20}| \angle \psi_2$,其中 $|\boldsymbol{V}_{10}|$ 和 $|\boldsymbol{V}_{20}|$ 是振动位移,为速度或加速度的幅值,ψ_1 和 ψ_2 是振动信号相对转子上参考标记有关的参考脉冲的相位角。

根据转子的结构,选定两个校正面 Ⅰ,Ⅱ并确定校正半径 r_1,r_2。先在平面 Ⅰ 上加一试重 $\boldsymbol{Q}_1 = mt_1 \angle \beta_1$,其中 $mt_1 = |\boldsymbol{Q}_1|$ 为试重质量,β_1 为试重相对参考标记的方位角,以顺转向为正。在相同转速下测量轴承 A,B 的振动量 $\boldsymbol{V}_{11}$ 和 $\boldsymbol{V}_{21}$。

矢量关系如图 2.3.2(a),(b)所示。显然,矢量 $\boldsymbol{V}_{11} - \boldsymbol{V}_{10}$ 及 $\boldsymbol{V}_{21} - \boldsymbol{V}_{20}$ 为平面 Ⅰ 上加试重 $\boldsymbol{Q}_1$ 所引起的轴承振动的变化,称为试重 $\boldsymbol{Q}_1$ 的效果矢量。方位角为零度的单位试重的效果矢量称为影响系数。因而,可由式(2.3.1)和式(2.3.2)求影响系数。

$$\boldsymbol{\alpha}_{11} = \frac{\boldsymbol{V}_{11} - \boldsymbol{V}_{10}}{\boldsymbol{Q}_1} \tag{2.3.1}$$

$$\boldsymbol{\alpha}_{21} = \frac{\boldsymbol{V}_{21} - \boldsymbol{V}_{20}}{\boldsymbol{Q}_1} \tag{2.3.2}$$

取走 $\boldsymbol{Q}_1$,在平面 Ⅱ 上加试重 $\boldsymbol{Q}_2 = mt_2 \angle \beta_2$,$mt_2 = |\boldsymbol{Q}_2|$ 为试重质量,β_2 为试重方位角。同样测得轴承 A,B 的振动量 $\boldsymbol{V}_{12}$ 和 $\boldsymbol{V}_{22}$,从而求得效果矢量 $\boldsymbol{V}_{12} - \boldsymbol{V}_{10}$ 和 $\boldsymbol{V}_{22} - \boldsymbol{V}_{20}$[图 2.3.2(c),(d)]及影响系数:

$$\boldsymbol{\alpha}_{12} = \frac{\boldsymbol{V}_{12} - \boldsymbol{V}_{10}}{\boldsymbol{Q}_2} \tag{2.3.3}$$

$$\boldsymbol{\alpha}_{22} = \frac{\boldsymbol{V}_{22} - \boldsymbol{V}_{20}}{\boldsymbol{Q}_2} \tag{2.3.4}$$

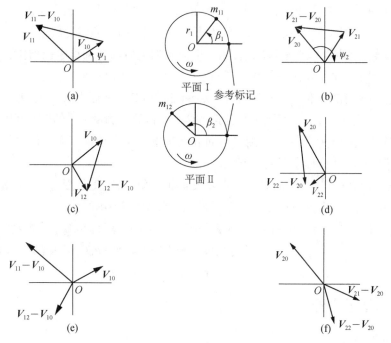

图 2.3.2 矢量关系

校正平面 I,II 上所需的校正量 $\boldsymbol{p}_2 = m_1 \angle \theta_1$ 和 $\boldsymbol{p}_2 = m_2 \angle \theta_2$,可通过解矢量方程组求得

$$\left.\begin{array}{l} \boldsymbol{\alpha}_{11}\boldsymbol{p}_1 + \boldsymbol{\alpha}_{12}\boldsymbol{p}_2 = -\boldsymbol{V}_{10} \\ \boldsymbol{\alpha}_{21}\boldsymbol{p}_1 + \boldsymbol{\alpha}_{22}\boldsymbol{p}_2 = -\boldsymbol{V}_{20} \end{array}\right\} \tag{2.3.5}$$

$$\begin{bmatrix} \boldsymbol{\alpha}_{11} & \boldsymbol{\alpha}_{12} \\ \boldsymbol{\alpha}_{21} & \boldsymbol{\alpha}_{22} \end{bmatrix} \begin{Bmatrix} \boldsymbol{p}_1 \\ \boldsymbol{p}_2 \end{Bmatrix} = - \begin{Bmatrix} \boldsymbol{V}_{10} \\ \boldsymbol{V}_{20} \end{Bmatrix} \tag{2.3.6}$$

$m_1 = |\boldsymbol{p}_1|$,$m_2 = |\boldsymbol{p}_2|$ 为校正质量;θ_1,θ_2 为校正质量的方位角。

根据计算结果,在转子上安装校正质量,重新起动转子,如振动已减小到满意程度,则平衡结束,否则可重复上面步骤,再进行一次修正平衡。

2.3.4 实验步骤

(1) 打开动平衡仪和示波器电源,预热 2 min。

(2) 转动调压器旋钮,启动转子,供电电压可从零快速调至 120 V 左右,待转子启动后,再退回至 80 V 左右,以获得较慢转速。

(3) 用调压器慢慢升速。从动平衡仪上观察转速、振幅及相位读数的变化。在转速 2 000~3 000 r/min 范围选择一比较稳定的转速并使其稳定不变(第一个显示屏:转速;第二个显示屏:振幅;第三个显示屏:相位)。

(4) 通过控制板,打开"计算程序"。从动平衡仪上分别读出转子原始不平衡引起左(A)、右(B)轴承座振动位移的振幅幅值和相位角(和),并将其分别输入"计算程序"面板的相应位置。

（5）转速回零。打开"校准平面Ⅰ"，在平面Ⅰ（1号圆盘）上任选方位加一试重，记录值（可取其在5～8）及固定的相位角（从红带参考标记前缘算起，顺时针转向为正）。

（6）启动转子，重新调至平衡转速，测出平面Ⅰ加重后两个轴承座振动位移的幅值和相位角（和）。将值输入"计算程序"的相应位置。

（7）转速回零，在"校准平面Ⅰ"上单击"Reset"按钮，卸下平面Ⅰ（1号圆盘）上的试重。打开"校准平面Ⅱ"，在平面Ⅱ（4号圆盘）上任选方位加一试重。测量记录的值及其固定方位角。

（8）转速重新调至平衡转速。测出平面Ⅱ加试重后两个轴承座振动位移的幅值和相位角（和）。将值输入"计算程序"的相应位置。

（9）根据"计算程序"求出的平衡质量及校正相位角，在校正平面Ⅰ，Ⅱ重新加试重。然后将转速重新调至零，再测量记录两个轴承座振动的幅值和相位角。

（10）将测量的幅值和相位角输入"计算程序"，计算平衡率（即平衡前后振动幅值的差与未平衡振幅的百分比），如高于80%，实验可结束。否则应寻找平衡效果不良的原因重新实验。

（11）停机、关仪器电源。拆除平衡质量，使转子系统复原。

2.3.5 实验结果分析

实验结果如表2.3.1所示。

平衡转速 $n_b =$ ____ r/min。

表 2.3.1 实验结果

内容	A轴承Ⅰ平面		B轴承Ⅱ平面	
	幅值	相位	幅值	相位
原始振动 V_{10}, V_{20}				
Ⅰ平面试重 Q_1			—	
V_{11}, V_{21}				
Ⅱ平面试重 Q_2	—			
V_{12}, V_{22}				
计算校正量 p_1, p_2				
实际加重质量 m_1, m_2				
平衡后振动 V_1, V_2				
平衡率 η_1, η_2		—		—

2.3.6 问题讨论

（1）在没有确认加重面上的零度位置时，试加重的安装位置是否可以放在估计的零度上？

（2）如何通过实验确定不平衡力的大小和位置，以及平衡后的振动？

（3）如何编写计算程序？

2.4　磁浮导轨上的实验

2.4.1　动量守恒与机械能守恒定理实验

2.4.1.1　实验目的

（1）观察弹性碰撞和完全非弹性碰撞现象。

（2）验证碰撞过程中动量守恒和机械能守恒定律。

2.4.1.2　实验仪器

磁浮导轨全套，测时测速电气箱，物理天平。图 2.4.1 为该实验装置。

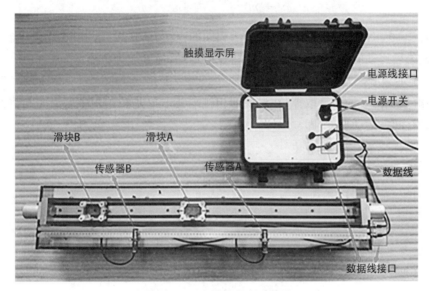

图 2.4.1　力学综合实验装置

2.4.1.3　实验原理

设两滑块的质量分别为 m_1 和 m_2，碰撞前的速度分别为 v_{10} 和 v_{20}，相碰后的速度分别为 v_1 和 v_2。根据动量守恒定律，有

$$m_1 v_{10} + m_2 v_{20} = m_1 v_1 + m_2 v_2 \tag{2.4.1}$$

测出两滑块的质量和碰撞前后的速度，就可验证碰撞过程中动量是否守恒。其中 v_{10} 和 v_{20} 是在两个光电门处的瞬时速度，即 $\Delta x / \Delta t$，Δt 越小此瞬时速度越准确。在实验中，设挡光片的宽度为 Δx，挡光片通过光电门的时间为 Δt，即有 $v_{10} = \Delta x / \Delta t_1$，$v_{20} = \Delta x / \Delta t_2$。

实验分弹性碰撞和完全非弹性碰撞两种情况进行。

1. 弹性碰撞

两滑块的相碰端装有缓冲弹簧，它们的碰撞可以看成是弹性碰撞。在碰撞过程中除了动量守恒外，它们的动能完全没有损失，也遵守机械能守恒定律，有

$$\frac{1}{2}m_1 v_{10}^2 + \frac{1}{2}m_2 v_{20}^2 = \frac{1}{2}m_1 v_1^2 + \frac{1}{2}m_2 v_2^2 \qquad (2.4.2)$$

(1) 若两个滑块质量相等，$m_1 = m_2 = m$，且令 m_2 碰撞前静止，即 $v_{20} = 0$。则由式 (2.4.1)和式(2.4.2)得到 $v_1 = 0$，$v_2 = v_{10}$，即两个滑块将彼此交换速度。

(2) 若两个滑块质量不相等，$m_1 \neq m_2$，仍令 $v_{20} = 0$，则有

$$m_1 v_{10} = m_1 v_1 + m_2 v_2 \ 及 \ \frac{1}{2}m_1 v_{10}^2 = \frac{1}{2}m_1 v_1^2 + \frac{1}{2}m_2 v_2^2$$

可得

$$v_1 = \frac{m_1 - m_2}{m_1 + m_2} v_{10}, \ v_2 = \frac{2m_1}{m_1 + m_2} v_{10}$$

当 $m_1 > m_2$ 时，两滑块相碰后，二者沿相同的速度方向（与 v_{10} 相同）运动；当 $m_1 < m_2$ 时，二者相碰后运动的速度方向相反，m_1 将反向运动，速度应为负值。

2. 完全非弹性碰撞

将两滑块上的缓冲弹簧取掉，在滑块的相碰端装上尼龙扣。相碰后尼龙扣将两滑块扣在一起，具有同一运动速度，即

$$v_1 = v_2 = v$$

仍令 $v_{20} = 0$，则有 $m_1 v_{10} = (m_1 + m_2)v$，所以

$$v = \frac{m_1}{m_1 + m_2} v_{10}$$

当 $m_2 = m_1$ 时，$v = \frac{1}{2}v_{10}$，即两滑块扣在一起后，质量增加一倍，速度为原来的一半。

2.4.1.4　实验内容与步骤

1. 实验安装

安装好光电门，光电门之间的距离约为 50 cm。调节导轨水平，使滑块作匀速直线运动。测速电气箱处于正常工作状态，设定挡光片宽度为 1.0 cm。调节天平，称出两滑块的质量 m_1 和 m_2。

2. 完全非弹性碰撞

(1) 在两滑块的相碰端安置尼龙扣，碰撞后两滑块粘在一起运动，因动量守恒，即 $m_1 v_{10} = (m_1 + m_2)v$。

(2) 在碰撞前，将一个滑块（例如质量为 m_2）放在两光电门中间，使它静止（$v_{20} = 0$），将另一个滑块（例如质量为 m_1）放在导轨的一端，轻轻将它推向 m_2 滑块，记录 v_{10}。

(3) 两滑块相碰后，它们粘在一起以速度 v 向前运动，记录挡光片通过光电门的速度 v。

(4) 按上述步骤重复数次，计算碰撞前后的动量，验证动量是否守恒。

可考察当 $m_1 = m_2$ 时的情况，重复进行。

3. 弹性碰撞

在两滑块的相碰端装有缓冲弹簧,当滑块相碰时,由于缓冲弹簧发生弹性形变后恢复原状,在碰撞前后,系统的机械能近似保持不变。仍设 $v_{20}=0$,则有

$$m_1 v_{10} = m_1 v_1 + m_2 v_2$$

操作方法参照"完全非弹性碰撞"。

重复数次,数据记录于表中。

2.4.1.5　实验结果分析

1. 完全非弹性碰撞实验数据(表 2.4.1)

表 2.4.1　完全非弹性碰撞实验数据

相同质量滑块碰撞: $m_1 = m_2 = m = $ ___ g, $v_1 = v_2 = v$, $v_{20} = 0$				
次数	碰　前		碰　后		百分偏差 $E = \dfrac{k_0 - k}{k_0} \times 100\%$
	$v_{10}/(\text{cm} \cdot \text{s}^{-1})$	$k_0 = m_1 v_{10} /$ $(\text{g} \cdot \text{cm} \cdot \text{s}^{-1})$	$v/(\text{cm} \cdot \text{s}^{-1})$	$k = (m_1 + m_2)v$ $/(\text{g} \cdot \text{cm} \cdot \text{s}^{-1})$	
1					
2					
3					

不同质量滑块碰撞: $m_1 = $ ___ g, $m_2 = $ ___ g, $v_{20} = 0$				
次数	碰　前		碰　后		百分偏差 $E = \dfrac{k_0 - k}{k_0} \times 100\%$
	$v_{10}/(\text{cm} \cdot \text{s}^{-1})$	$k_0 = m_1 v_{10} /$ $(\text{g} \cdot \text{cm} \cdot \text{s}^{-1})$	$v/(\text{cm} \cdot \text{s}^{-1})$	$k = (m_1 + m_2)v /$ $(\text{g} \cdot \text{cm} \cdot \text{s}^{-1})$	
1					
2					
3					

2. 弹性碰撞实验数据(表 2.4.2)

表 2.4.2　弹性碰撞实验数据

不同质量滑块碰撞: $m_1 = $ ___ g, $m_2 = $ ___ g, $v_{20} = 0$						
次数	碰　前		碰　后				百分偏差 $E = \dfrac{k_0 - (k_1 + k_2)}{k_0} \times 100\%$
	$v_{10}/$ $(\text{cm} \cdot \text{s}^{-1})$	$k_0 = m_1 v_{10} /$ $(\text{g} \cdot \text{cm} \cdot \text{s}^{-1})$	$v_1/$ $(\text{cm} \cdot \text{s}^{-1})$	$k_1 = m_1 v_1 /$ $(\text{g} \cdot \text{cm} \cdot \text{s}^{-1})$	$v_2/$ $(\text{cm} \cdot \text{s}^{-1})$	$k_2 = m_2 v_2 /$ $(\text{g} \cdot \text{cm} \cdot \text{s}^{-1})$	
1							
2							
3							

(续表)

次数	碰　前		碰　后		百分偏差
	$v_{10}/(\text{cm} \cdot \text{s}^{-1})$	$k_0 = m_1 v_{10}/$ $(\text{g} \cdot \text{cm} \cdot \text{s}^{-1})$	$v_2/(\text{cm} \cdot \text{s}^{-1})$	$k = m_2 v_2/$ $(\text{g} \cdot \text{cm} \cdot \text{s}^{-1})$	$E = \dfrac{k_0 - k}{k_0} \times 100\%$
1					
2					
3					

相同质量滑块碰撞：$m_1 = m_2 = m = \underline{\quad} \text{g}$, $v_{20} = 0$, $v_1 = 0$

3. 问题讨论

（1）为了验证动量守恒,在本实验操作上如何来保证实验条件以减小测量误差?

（2）为了使滑块在磁浮导轨上作匀速运动,是否应调节导轨处于完全水平? 应怎样调节才能使滑块受到的合外力近似等于零?

仪器结构和使用方法

1. 磁浮导轨

磁浮导轨是一种力学实验仪器,它是利用磁铁同性相斥的原理,促使滑块从导轨面上浮起,从而避免了滑块与导轨面之间的接触摩擦。这样,滑块的运动可近似看成是"无摩擦"运动。

1) 磁浮导轨结构

如图 2.4.2 所示,磁浮导轨结构主要由导轨、滑块和光电门三部分组成。

（1）导轨:由一根长 1.5 m 的非常平直的直角三角形铝合金管做成,两侧轨面上安装有一根整条长的磁铁,滑块的下面也装有磁性相同的磁铁,由于磁铁同性相斥,当滑块放入导轨后,磁场就会托起滑块。滑块被托起的高度一般只有 0.1~5 mm。为了避免碰伤,导轨两端及滑块上都装了缓冲弹簧。整个导轨装在横梁上,横梁下面有三个底脚螺钉,既作为支承点,也用以调整气轨的水平状态,还可在螺钉下加放垫块,使磁浮导轨成为斜面。

（2）滑块:由角铝做成,是导轨上的运动物体,其两侧内表面与导轨表面精密吻合。两端装有缓冲弹簧或尼龙搭扣,上面安置测时用的矩形(或窄条形)挡光片。

（3）光电门:导轨上设置两个光电门,光电门上装有光源(聚光小灯泡或红外发光管)和光敏管,光敏管的两极通过导线和计时器的光控输入端相接。当滑块上的挡光片经过光电门时,光敏管受到的光照发生变化,引起光敏管两极间的电压发生变化,由此产生电脉冲信号触发计时系统开始或停止计时。光电门可根据实验需要安置在导轨的适当位置,并由定位窗口读出它的位置。

2) 注意事项

磁浮导轨表面的平直度、光洁度要求很高,为了确保仪器精度,绝不允许其他东西碰、划伤导轨表面,要防止碰倒光电门损坏轨面。不做实验时,不允许将滑块在导轨上来回滑

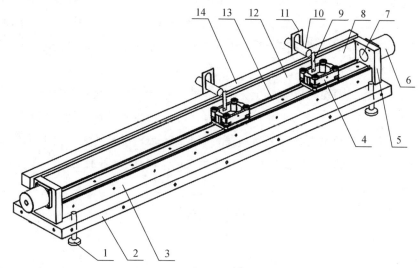

1—调节脚;2—底板;3—滑道;4—滑块;5—挡板;6—弹簧座;7—缓冲弹簧;8—滑道挡板;9—反光片;
10—光电传感器;11—传感器支架;12—滑道挡板;13—磁浮导轨;14—传感器安装滑道

图 2.4.2　磁浮导轨结构

动。实验结束后应将滑块从导轨上取下。

滑块的内表面经过仔细加工,并与轨面紧密配合,二者是配套使用的,因此绝不可将滑块与别的组调换。实验中必须轻拿轻放,严防碰伤变形。拿滑块时,不要拿在挡光片上,以防滑块掉落摔坏。

实验结束后,应该用盖布将磁浮导轨遮好。

2. 磁浮导轨的水平调节

在磁浮导轨上进行实验,必须按要求先将导轨调节至水平。可按下列任一种方法调平导轨。

(1) 静态调节法:把装有挡光片的滑块轻轻置于导轨上。观察滑块"自由"运动情况。若导轨不水平,滑块将向较低的一边滑动。调节导轨一端的单脚螺钉,使滑块在导轨上保持不动或稍微左右摆动而无定向移动,则可认为导轨已调平。

(2) 动态调节法:将两光电门分别安在导轨某两点处,两点之间相距约 50 cm。打开光电计数器的电源开关,滑块以某一速度滑行。设滑块经过两光电门的时间分别为 Δt_1 和 Δt_2。由于受空气阻力的影响,对于处于水平的导轨,滑块经过第一个光电门的时间 Δt_1 总是略小于经过第二个光电门的时间 Δt_2(即 $\Delta t_1 < \Delta t_2$)。因此,若滑块反复在导轨上运动,只要先后经过两个光电门的时间相差很小,且后者略为增加(二者相差 2% 以内),就可认为导轨已调水平。否则,应根据实际情况调节导轨下面的单脚螺钉,反复观察,直到计算左右来回运动对应的时间差($\Delta t_2 - \Delta t_1$)大体相同。

3. 测定速度的实验原理

物体作直线运动时,平均速度为 $\bar{v} = \dfrac{\Delta x}{\Delta t}$,取的时间间隔 Δt 或位移 Δx 越小时,算得的

平均速度越接近某点的实际速度,取极限就得到某点的瞬时速度。在实验中直接用定义式来测量某点的瞬时速度是不可能的,因为当 Δt 趋向于零时 Δx 也同时趋向于零,在测量上有具体困难。但是在一定误差范围内,我们仍可取一很小的 Δt 及其相应的 Δx,用其平均速度来近似地代替瞬时速度。

被研究的物体(滑块)在磁浮导轨上作"无摩擦阻力"运动,滑块上装有一个一定宽度的挡光片,当滑块经过光电门时,挡光片前沿挡光,计时仪开始计时;挡光片后沿挡光时,计时立即停止。计数器上显示出两次挡光所间隔的时间 Δt;Δx 则是两片挡光片同侧边沿之间的宽度,如图 2.4.3 所示。由于 Δx 较小,相应的 Δt 也较小,故可将 Δx 与 Δt 的比值看作滑块经过光电门所在点的瞬时速度。

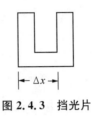

图 2.4.3 挡光片

2.4.2 测量速度、加速度及验证牛顿第二运动定律

2.4.2.1 实验目的
(1) 学习磁浮导轨和电气测速箱的使用方法。
(2) 在磁浮导轨上测量物体的速度和加速度,并验证牛顿第二定律。
(3) 定性研究滑块在磁浮导轨上受到的黏滞阻力与滑块运动速度的关系。

2.4.2.2 实验仪器
磁浮导轨、滑块、垫片、电气测速箱、电子天平。

2.4.2.3 实验原理
(1) 采用磁浮技术,使被测物体"漂浮"在磁浮导轨上,没有接触摩擦,只有气垫的黏滞阻力,从而使阻力大大减小,实验测量值接近于理论值,可以验证力学定律。

(2) 电脑计数器(数字毫秒计)与磁浮导轨配合使用,使时间的测量精度大大提高(可以精确至 0.01 ms),并且可以直接显示出速度和加速度大小。

(3) 速度的测量。

如图 2.4.4 所示,设 U 形挡光条的宽度为 Δx,电脑计数器显示出来的挡光时间为 Δt,则滑块在 Δt 时间内的平均速度为 $\bar{v}=\dfrac{\Delta x}{\Delta t}$;$\Delta x$ 越小(Δt 越小),$\bar{v}$ 就越接近该位置的即时速度。实验使用的挡光条的宽度远小于导轨的长度,故可将 $\dfrac{\Delta x}{\Delta t}$ 视为滑块经过光电门时的即时速度,即 $v \approx \dfrac{\Delta x}{\Delta t}$。

（4）加速度的测量。

将导轨垫成倾斜状，如图 2.4.5 所示。两光电门分别位于 s_1 和 s_2 处，测出滑块经过 s_1，s_2 处的速度 v_1 和 v_2，以及通过距离 Δs 所用的时间 t_{12}，即可求出加速度：

$$a = \frac{v_2 - v_1}{t_{12}} \ \text{或} \ a = \frac{v_2^2 - v_1^2}{2 \times \Delta s}$$

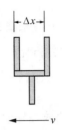
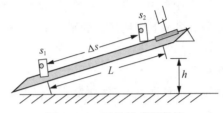

图 2.4.4　U 形挡光条　　　　　　图 2.4.5　导轨垫成倾斜状

速度和加速度的计算程序已编入电脑计数器中，实验时也可通过按相应的功能和转换按钮，从电脑计数器上直接读出速度和加速度的大小。

（5）牛顿第二定律的研究。

若不计阻力，则滑块所受的合外力就是下滑分力，$F = mg\sin\theta = mg\dfrac{h}{L}$。 假定牛顿第二定律成立，有 $mg\dfrac{h}{L} = ma_{\text{理论}}$，$a_{\text{理论}} = g\dfrac{h}{L}$，将实验测得的 $\bar{a}$ 和 $a_{\text{理论}}$ 进行比较，计算相对误差。如果误差在允许范围内（<5%），即可认为 $\bar{a} = a_{\text{理论}}$，则验证了牛顿第二定律（本地 g 取 979.5 cm/s^2）。

（6）定性研究滑块所受的黏滞阻力与滑块速度的关系。

实验时，滑块实际上要受到磁场和空气黏滞阻力的作用。考虑阻力，滑块的动力学方程为 $mg\dfrac{h}{L} - \bar{f} = m\bar{a}$，$\bar{f} = mg\dfrac{h}{L} - m\bar{a} = m(a_{\text{理论}} - \bar{a})$，比较不同倾斜状态下的平均阻力 $\bar{f}$ 与滑块的平均速度，可以定性得出 f 与 v 的关系。

2.4.2.4　实验内容与步骤

（1）将磁浮导轨调成水平状态。

先"静态"调平（粗调），后"动态"调平（细调）。"静态"调平应在工作区间范围内不同的位置上进行 2～3 次；"动态"调平时，当滑块被轻推以 50 cm/s 左右的速度（挡光宽度 1 cm，挡光时间 20 ms 左右）前进时，通过两光电门所用的时间之差只能为零点几毫秒，不能超过 1 ms，且左右来回的情况应基本相同。两光电门之间的距离一般应为 50～70 cm。

（2）测滑块的速度。

① 导轨调平后，应将滑块先推向左运动，后推向右运动（或先推向右运动，后推向左运动，或者让滑块自动弹回），作左右往返的测量。

② 从电脑计数器上记录滑块从右向左或从左向右运动时通过两个光电门的时间 Δt_1，Δt_2，然后按转换键，记录滑块通过两个光电门的速度 v_1，v_2，如此重复 3 次，将测得的实验

数据记入表 2.4.3,并计算速度差值。

(3) 测量加速度,并验证牛顿第二定律。

在导轨的单脚螺丝下垫 2 块垫片,让滑块从最高处由静止开始下滑,测出速度 v_1,v_2 和加速度 a,重复 4 次,取 $\bar{a}$。再添 2 块(或 1 块)垫片,重复测量 4 次。然后取下垫片,用游标卡尺测量两次所用垫片的高度 h,用钢卷尺测量单脚螺丝到双脚螺丝连线的距离 L。计算 $a_{理论}$,比较 $\bar{a}$ 与 $a_{理论}$,计算相对误差,写出实验结论。

(4) 用电子天平称量滑块的质量 m,计算两种不同倾斜状态下滑块受到的平均阻力 $\bar{f}$,并考察两种倾斜状态下滑块运动的平均速度(不必计算),通过分析比较得出 f 与 v 的定性关系,写出实验结论。

2.4.2.5 注意事项

(1) 保持导轨和滑块清洁,不能碰撞。未做实验时,不能将滑块放在导轨上滑动。实验结束时,先取下滑块。

(2) 注意用电安全。

2.4.2.6 数据记录与处理

实验数据如表 2.4.3—表 2.4.5 所列。

表 2.4.3　动态调平实验数据　　　　单位:ms

Δt_1	Δt_2	$\Delta t_{21} = \Delta t_2 - \Delta t_1$	Δt_3	Δt_4	$\Delta t_{43} = \Delta t_4 - \Delta t_3$

表 2.4.4　速度的测量($\Delta x = 1.00$ cm)

次序	$\Delta t_1/$ ms	$\Delta t_2/$ ms	$v_1/$ (cm·s^{-1})	$v_2/$ (cm·s^{-1})	$v_1-v_2/$ (cm·s^{-1})	$\Delta t_3/$ ms	$\Delta t_4/$ ms	$v_3/$ (cm·s^{-1})	$v_4/$ (cm·s^{-1})	$v_3-v_4/$ (cm·s^{-1})
1										
2										
3										

表 2.4.5　加速度的测量($\Delta x = 1.00$ cm, $L=$　cm)

h/cm	次序	$v_1/$ (cm·s^{-1})	$v_2/$ (cm·s^{-1})	$a/$ (cm·s^{-2})	$\bar{a}/$ (cm·s^{-2})	$a_{理} = g\dfrac{h}{L}/$ (cm·s^{-2})	$E(a) = \left\lvert\dfrac{a_{理}-\bar{a}}{a_{理}}\right\rvert \times 100\%$
$h_1=$	1						
	2						
	3						
	4						

（续表）

h/cm	次序	v_1/ (cm·s^{-1})	v_2/ (cm·s^{-1})	a/ (cm·s^{-2})	$\bar{a}$/ (cm·s^{-2})	$a_{理}=g\dfrac{h}{L}$/ (cm·s^{-2})	$E(a)=\left\|\dfrac{a_{理}-\bar{a}}{a_{理}}\right\|\times100\%$
$h_2=$	1						
	2						
	3						
	4						
$h_3=$	1						
	2						
	3						
	4						
$h_4=$	1						
	2						
	3						
	4						

2.4.2.7　实验结论

（1）关于牛顿第二定律的验证。

（2）关于滑块所受的空气阻力与滑块运动速度的关系。

2.4.2.8　问题讨论

（1）若改变本实验的某一个条件（如改变下滑的初速度、滑块上附加重物、改变导轨的倾斜度），在不考虑阻力和考虑阻力两种情况下，分别会对加速度产生什么影响？

（2）一般情况下，实验值 $\bar{a}$ 比理论值 $a_{理}$ 应该大一些还是小一些？

（3）分析本实验产生误差的各种原因？

2.5　振动实验

2.5.1　简谐振动幅值测量

2.5.1.1　实验目的

（1）了解振动位移、速度、加速度之间的关系。

（2）学会用压电传感器测量简谐振动位移、速度、加速度幅值。

2.5.1.2　实验仪器

实验仪器安装示意如图 2.5.1 所示。

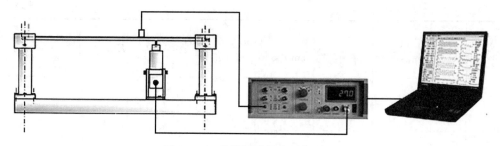

图 2.5.1　简谐振动幅值测量连接

2.5.1.3　实验原理

由简谐振动方程 $f(t) = A\sin(\omega t - \varphi)$ 可知,简谐振动信号基本参数包括频率、幅值和初始相位。幅值的测试主要包括 3 个物理量:位移、速度和加速度,可采用相应的传感器来测量,也可通过积分和微分来测量。

根据简谐振动方程,设振动位移、速度、加速度分别为 x,v,a,其幅值分别为 X,V,A,则

$$\left.\begin{array}{l} x = X\sin(\omega t - \varphi) \\ v = x' = \omega X\cos(\omega t - \varphi) = V\cos(\omega t - \varphi) \\ a = x'' = -\omega^2 X\sin(\omega t - \varphi) = A\sin(\omega t - \varphi) \end{array}\right\} \qquad (2.5.1)$$

式中,ω 为振动角频率;φ 为初始相位。

所以可以看出位移、速度和加速度幅值大小的关系为

$$V = \omega X,\ A = \omega^2 X,\ A = \omega V \qquad (2.5.2)$$

振动信号的幅值可以根据位移、速度和加速度的关系,用位移传感器或速度传感器、加速度传感器进行测量,还可采用具有微积分功能的放大器进行测量。

在进行振动测量时,传感器通过换能器把加速度、速度和位移信号转换成电信号,经过放大器放大,然后通过 AD 卡进行模数转换成数字信号,采集到的数字信号为电压变化量,通过软件在计算机上显示出来,这时读取的数值为电压值,通过标定值进行换算,就可计算出振动量的大小。

DASP 软件参数设置中的标定:

通过示波器调整好仪器的状态(如传感器挡位、放大器增益、是否积分以及程控放大倍数等)后,要在 DASP 参数设置表中输入各通道的工程单位和标定值。工程单位随传感器类型而定,或加速度单位,或速度单位等。

传感器灵敏度 K_{CH}(PC/U),PC/U 表示每个工程单位输出多少 PC 的电荷;如是力,而且参数表中工程单位设为牛顿(N),则此处为 PC/N;如是加速度,而且参数表中工程单位设为 m/s^2,则此处为 $PC/(m/s^2)$。

INV1601B 型振动教学实验仪输出增益为 K_E;积分增益为 K_J(INV1601 型振动教学实验仪的一次积分和二次积分 $K_J = 1$)。INV1601B 型振动教学实验仪的输出增益如下:

加速度:$K_E = 10$(mV/PC);

速度：$K_E = 1$；

位移：$K_E = 0.5$。

则 DASP 参数设置表中的标定值 K 为

$$K = K_{CH} \times K_E \times K_J (mV/U)$$

2.5.1.4　实验步骤

（1）安装仪器。把激振器安装在支架上，将激振器和支架固定在实验台基座上，并保证激振器顶杆对简支梁有一定的预压力（不要露出激振杆上的红线标识），用专用连接线连接激振器和 INV1601B 型振动教学实验仪的功放输出接口。把带磁座的加速度传感器放在简支梁的中部，输出信号接到 INV1601B 型振动教学实验仪的加速度传感器输入端，功能挡位拨到加速度计挡的 a 加速度。

（2）打开 INV1601B 型振动教学实验仪的电源开关，开机进入 DASP2006 标准版软件的主页面，选择单通道按钮。进入单通道示波状态进行波形示波。

（3）在采样参数设置菜单下输入标定值 K 和工程单位 m/s^2，设置采样频率为 4 000 Hz，程控倍数 1 倍。

（4）调节 INV1601B 型振动教学实验仪频率旋钮到 40 Hz，使梁产生共振。

（5）在示波窗口中按数据列表进入数值统计和峰值列表窗口，读取当前振动的最大值。

（6）改变挡位 v(mm/s) 和 x(μm)，进行测试记录。

（7）更换速度和电涡流传感器分别测量 a(m/s^2)，v(mm/s)，x(μm)。

2.5.1.5　实验结果和分析

（1）实验数据见表 2.5.1 所列。

表 2.5.1　实验数据

传感器类型	频率 f/Hz	a/(m·s^{-2})挡	v/(mm·s^{-1})挡	x/μm 挡
加速度				
速度				
电涡流位移计				

（2）根据实测位移 x、速度 v 和加速度 a，按公式计算出另外两个物理量。

2.5.2　振动系统固有频率的测试

2.5.2.1　实验目的

（1）学习振动系统固有频率的测试方法。

（2）学习共振法测试振动固有频率的原理与方法（幅值判别法和相位判别法）。

（3）学习锤击法测试振动系统固有频率的原理与方法（传函判别法）。

（4）学习自由衰减振动波形自谱分析法测试振动系统固有频率的原理和方法（自谱分析法）。

2.5.2.2 实验仪器

幅值判别法和相位判别法仪器连接示意如图 2.5.2 所示。传函判别法和自谱分析法仪器连接示意如图 2.5.3 所示。

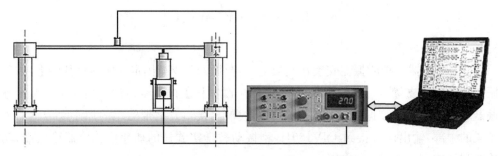

图 2.5.2 幅值判别法和相位判别法仪器连接

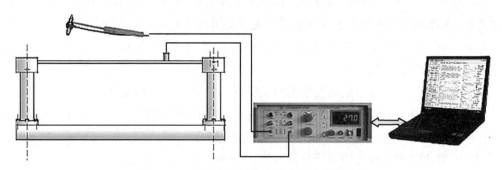

图 2.5.3 传函判别法和自谱分析法仪器连接

2.5.2.3 实验原理

对于振动系统,经常要测定其固有频率,最常用的方法就是用简谐力激振,引起系统共振,从而找到系统的各阶固有频率。另一种方法是锤击法,用冲击力激振,通过输入的力信号和输出的响应信号进行传函分析,得到各阶固有频率。

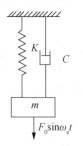

图 2.5.4 阻尼强迫振动

1. 简谐力激振

由简谐力作用下的强迫振动系统,其运动方程为

$$mx'' + Cx' + Kx = F_0 \sin \omega_e t \qquad (2.5.3)$$

方程式的解由 x_1 和 x_2 两部分组成:

$$x_1 = e^{-\epsilon t}(C_1 \cos \omega_D t + C_2 \sin \omega_D t) \qquad (2.5.3)$$

式中,$\omega_D = \omega\sqrt{1 - D^2}$;常数 C_1,C_2 由初始条件决定。

$$x_2 = A_1 \sin \omega_e t + A_2 \cos \omega_e t \qquad (2.5.4)$$

式中,$A_1 = \dfrac{q(\omega^2 - \omega_e^2)}{(\omega^2 - \omega_e^2)^2 + 4\epsilon^2 \omega_e^2}$;$A_2 = \dfrac{2q\omega_e\epsilon}{(\omega^2 - \omega_e^2)^2 + 4\epsilon^2 \omega_e^2}$;$q = \dfrac{F_0}{m}$。

x_1 代表阻尼自由振动基,x_2 代表阻尼强迫振动项。自由振动项周期 $T_D = \dfrac{2\pi}{\omega_D}$,强迫振

动项周期 $T_e = \dfrac{2\pi}{\omega_e}$。

由于阻尼的存在,自由振动基随时间不断地衰减消失。最后只剩下后两项,也就是通常讲的定常强动,只剩下强迫振动部分,即

$$x = \frac{q(\omega^2 - \omega_e^2)}{(\omega^2 - \omega_e^2)^2 + 4\varepsilon^2\omega_e^2}\cos \omega_e t + \frac{2q\omega_e\varepsilon}{(\omega^2 - \omega_e^2)^2 + 4\varepsilon^2\omega_e^2}\sin \omega_e t \qquad (2.5.5)$$

通过变换可写成

$$x = A\sin(\omega_e t - \varphi) \qquad (2.5.6)$$

式中

$$A = \sqrt{A_1^2 + A_2^2} = \frac{q/\omega^2}{\sqrt{\left(1 - \dfrac{\omega_e^2}{\omega^2}\right)^2 + \dfrac{4\varepsilon^2\omega_e^2}{\omega^4}}} \qquad (2.5.7)$$

$$\varphi = \arctan \frac{A_2}{A_1} = \arctan\left(\frac{2\omega_e\varepsilon}{\omega^2 - \omega_e^2}\right) \qquad (2.5.8)$$

设频率比 $u = \dfrac{\omega_e}{\omega}$,$\varepsilon = D\omega$ 代入式(2.5.7)、式(2.5.8),则

振幅

$$A = \frac{q/\omega^2}{\sqrt{(1 - u^2)^2 + 4u^2 D^2}} \qquad (2.5.9)$$

滞后相位角

$$\varphi = \arctan\left(\frac{2Du}{1 - u^2}\right) \qquad (2.5.10)$$

因为 $q/\omega^2 = F_0/m$,$K/m = F_0/K = x_{st}$ 为弹簧受干扰力峰值作用引起的静位移,所以振幅 A 可写成

$$A = \frac{1}{\sqrt{(1 - u^2)^2 + 4u^2 D^2}} x_{st} = \beta x_{st} \qquad (2.5.11)$$

式中,β 称为动力放大系数,$\beta = \dfrac{1}{\sqrt{(1 - u^2)^2 + 4u^2 D^2}}$。

动力放大系数 β 是强迫振动时的动力系数,即动幅值与静幅值之比。这个数值对于拾振器和单自由度体系振动的研究都是很重要的。

当 $u = 1$,即强迫振动频率和系统固有频率相等时,动力放大系数迅速增加,引起系统共振,由 $x = A\sin(\omega_e t - \varphi)$ 可知,共振时振幅和相位都有明显的变化,通过测量振幅和相位这两个参数,可以判别系统是否达到共振点,从而确定出系统的各阶振动频率。

1) 幅值判别法

在激振功率输出不变的情况下,由低到高调节激振器的激振频率,通过示波器可以观察到,在某一频率下,任一振动量(位移、速度、加速度)幅值迅速增加,这就是机械振动系统的某阶固有频率。这种方法简单易行,但在阻尼较大的情况下,不同的测量方法得出的共振动频率稍有差别,不同类型的振动量对振幅变化敏感程度不一样。

2) 相位判别法

相位判别法是根据共振时特殊的相位值以及共振前后相位变化规律所提出来的一种共振判别法。在简谐力激振的情况下,用相位法来判定共振是一种较为敏感的方法,而且共振时的频率就是系统的无阻尼固有频率,可以排除阻尼因素的影响。

激振信号:$F = F_0 \sin \omega t$;位移信号:$y = Y\sin(\omega t - \varphi)$。

速度信号:$y' = \omega Y\cos(\omega t - \varphi)$;加速度信号:$y'' = -\omega^2 Y\sin(\omega t - \varphi)$。

(1) 位移判别共振。

将由 INV1601B 振动教学实验仪的信号源输出的激振信号输入 INV1601B 型振动教学实验仪第一通道(即 X 轴)的速度输入接头,位移传感器输出信号或通过 INV1601B 型振动教学实验仪积分挡输出量为位移量的信号接入教学实验仪第二通道(即 Y 轴)的输入接头,此时两通道的信号分别如下:

激振信号:$F = F_0 \sin \omega t$。 位移信号:$y = Y\sin(\omega t - \varphi)$。

共振时,$\omega = \omega_n$,$\varphi = \pi/2$,X 轴信号和 Y 轴信号的相位差为 $\pi/2$,根据李萨如原理可知,屏幕上的图像应是一个正椭圆。当 ω 略大于 ω_n 或略小于 ω_n 时,图像都将由正椭圆变为斜椭圆,其变化过程如图 2.5.5 所示。因此图像由斜椭圆变为正椭圆的频率就是振动体的固有频率。

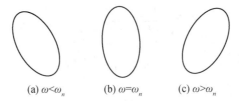

(a) $\omega < \omega_n$ (b) $\omega = \omega_n$ (c) $\omega > \omega_n$

图 2.5.5 用位移判别共振的李萨如图形

(2) 速度判别共振。

将激振信号输入 INV1601B 振动教学实验仪的第一通道(即 X 轴),速度传感器输出信号或通过 INV1601B 型振动教学实验仪积分挡输出量为速度的信号输入第二通道(即 Y 轴),此时两通道的信号分别为如下:

激振信号:$F = F_0 \sin \omega t$。 速度信号:$y' = \omega Y\cos(\omega t - \varphi)$。

共振时,$\omega = \omega_n$,$\varphi = \pi/2$,X 轴信号和 Y 轴信号的相位差为 $\pi/2$。根据李萨如原理可知,屏幕上的图像应是一条直线。当 ω 略大于 ω_n 或略小于 ω_n 时,图像都将由直线变为斜椭圆,其变化过程如图 2.5.6 所示。因此图像由斜椭圆变为直线的频率就是振动体的固有频率。

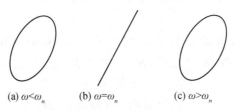

(a) $\omega < \omega_n$ (b) $\omega = \omega_n$ (c) $\omega > \omega_n$

图 2.5.6 用速度判别共振的李萨如图形

（3）加速度判别共振。

将激振信号输入采集仪的第一通道（即 X 轴），加速度传感器输出信号输入第二通道（即 Y 轴），此时两通道的信号分别为如下：

激振信号：$F = F_0 \sin \omega t$。加速度信号：$y'' = -\omega^2 Y \sin(\omega t - \varphi)$。

共振时，$\omega = \omega_n$，$\varphi = \pi/2$，X 轴信号和 Y 轴信号的相位差为 $\pi/2$。根据李萨如原理可知，屏幕上的图像应是一个正椭圆。当 ω 略大于 ω_n 或略小于 ω_n 时，图像都将由正椭圆变为斜椭圆，其变化过程如图 2.5.7 所示。因此图像由斜椭圆变为正椭圆的频率就是振动体的固有频率。

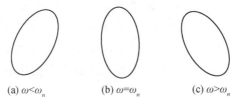

(a) $\omega < \omega_n$　　(b) $\omega = \omega_n$　　(c) $\omega > \omega_n$

图 2.5.7　用加速度判别共振的李萨如图形

2. 传函判别法（频率响应函数判别法——动力放大系数判别法）

通常认为振动系统为线性系统，用一特定已知的激振力，以可控的方法来激励结构，同时测量输入信号和输出信号，通过传函分析，得到系统固有频率。

响应与激振力之间的关系可用导纳 Y 表示：

$$Y = \frac{X}{F} = \frac{1/k}{\sqrt{(1-u^2)^2 + 4u^2 D^2}} e^{j\varphi} \quad \varphi = \arctan \frac{-2Du}{1-u^2} \tag{2.5.12}$$

式中，Y 就是幅值为 1 的激励力所产生的响应。研究 Y 与激励力之间的关系，就可得到系统的频响特性曲线。在共振频率下，导纳值迅速增大，从而可以判别各阶共振频率。

3. 自谱分析法

当系统作自由衰减振动时，时域波形包括了各阶频率成分，它也反映了各阶频率下自由衰减波形的线性叠加，通过对时域波形做 FFT 转换可以得到其频谱图，从频谱图中各峰值处可以得到系统的各阶固有频率。

2.5.2.4　实验步骤

1. 幅值判别法测量

（1）安装仪器。

把电动接触式激振器安装在底座上，调节电动接触式激振器高度，让接触头对简支梁产生一定的预压力，使激振杆上的红线低于激振器端面为宜。把激振器的信号输入端用连接线接到 INV1601B 型振动教学实验仪的功放输出接口上。

把带磁座的加速度传感器放在简支梁上，输出信号接到 INV1601B 型振动教学实验仪的加速度传感器输入端，功能挡位拨到加速度挡的 a 加速度。

（2）开机。

进入 DASP2006 标准版软件的主界面，选择单通道按钮。进入单通道示波状态进行波形示波。

（3）测量。

打开 INV1601B 型振动教学实验仪的电源开关，调大功放输出按钮，注意不要过载，从零开始调节频率按钮，简支梁产生振动，当振动最大时，记录当前频率。继续增大频率可得到高阶振动频率。

2. 相位判别法测量

（1）将位于 INV1601B 振动教学实验仪前面板的激励信号源输出端，接入教学实验仪第一通道的速度输入接头（X 轴），加速度传感器输出信号接 INV1601B 型振动教学实验仪第二通道的加速度输入接头（Y 轴）。加速度传感器放在距离梁端 1/3 处。

（2）用 DASP2006 标准版双通道中的李萨如示波，调节激振器的频率，观察图像的变化情况，分别用 INV1601B 型振动教学实验仪加速度挡的加速度 a、速度 v 和位移 x 进行测量，观察图像，根据共振时各物理量的判别法原理来确定共振频率。

3. 传函判别法测量

（1）安装仪器。

把实验模型力锤的力传感器输出线接到 INV1601B 型振动教学实验仪第一通道的加速度传感器输入端，挡位拨到加速度挡的 a 加速度；把带磁座的加速度传感器放在简支梁上，输出信号接到 INV1601B 型振动教学实验仪第二通道的加速度传感器输入端，挡位拨到加速度挡的 a 加速度。

（2）开机。

进入 DASP2006 标准版软件的主界面，选择双通道按钮。进入双通道示波状态进行传函示波。在自由选择中选择传函幅频和相位项示波。

（3）测量。

用力锤敲击简支梁中部，就可看到时域波形，采样方式选择为"单次触发"或"多次触发"，点击左侧操作面板的"传函"按钮，就可得到频响曲线，第一个峰就是系统的固有频率。后面的几个峰是系统的高阶频率。移动传感器或用力锤敲击简支梁的其他部位，再进行测量，记录下各阶固有频率。

2.5.2.5 实验结果和分析

机械振动系统固有频率测量结果如表 2.5.2 所列。

表 2.5.2 机械振动系统固有频率测量结果

测试方法频率/Hz		第一阶频率	第二阶频率	第三阶频率
幅值判别法				
相位判别法图像	位移 x			
	速度 v			
	加速度 a			
传函判别法				
自谱分析法				

2.5.3　单自由度系统自由衰减振动及固有频率、阻尼比的测定

2.5.3.1　实验目的

（1）了解单自由度系统模型自由衰减振动的有关概念。

（2）学习用频谱分析信号的频率。

（3）学习测试单自由度系统模型阻尼比的方法。

2.5.3.2　实验仪器

实验仪器安装示意如图 2.5.8 所示。

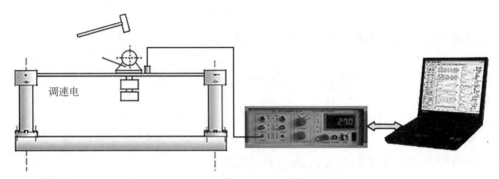

图 2.5.8　振动测试试验台的组成及连接示意

2.5.3.3　实验原理

单自由度系统的阻尼计算，在结构和测振仪器的分析中是很重要的。阻尼的计算常常通过衰减振动过程曲线（波形）振幅的衰减比例来进行。衰减振动波形如图 2.5.9 所示。用衰减波形求阻尼可以通过半个周期的相邻两个振幅绝对值之比，或经过一个周期的两个同方向相邻振幅之比，这两种基准方式进行计算。通常以相隔半个周期的相邻两个振幅绝对值之比为基准来计算的较多。两个相邻振幅绝对值之比，称为波形衰减系数。

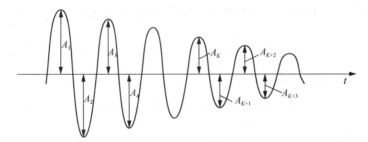

图 2.5.9　衰减振动波形

（1）对经过半周期为基准的阻尼计算。

每经过半周期的振幅的比值为一常量，即

$$\varphi = \frac{|A_K|}{|A_{K+1}|} = \frac{Ae^{-\varepsilon t}}{Ae^{-\varepsilon\left(t+\frac{T_D}{2}\right)}} = e^{\frac{1}{2}\varepsilon T_D} = e^{\frac{\pi D}{\sqrt{1-D^2}}} \tag{2.5.13}$$

该比例系数 φ 也叫作衰减系数,表示阻尼振动的振幅(最大位移)按几何级数递减。衰减系数 φ 常用来表示振幅的减小速率。

如果用衰减系数 φ 的自然对数来表示振幅的衰减则更加方便。

$$\delta = \ln\varphi = \ln\left|\frac{A_K}{A_{K+1}}\right| = \frac{1}{2}\varepsilon T_D = \frac{\pi D}{\sqrt{1-D^2}} \tag{2.5.14}$$

式中,δ 称为振动的对数衰减率。可以通过 δ 来求得阻尼比 D。

$$D = \frac{\delta}{\sqrt{\pi^2 + \delta^2}} \tag{2.5.15}$$

引用常用对数 $\delta_{10} = \lg\varphi = \delta\lg e = \ln\varphi \lg e$,则

$$\lg e = 0.434\ 3,\ \delta = \frac{\delta_{10}}{\lg e} = 2.303\delta_{10}$$

便得
$$D = \frac{0.733\lg\varphi}{\sqrt{1 + (0.733\lg\varphi)^2}} = \frac{\lg\varphi}{\sqrt{1.862 + (\lg\varphi)^2}} \tag{2.5.16}$$

阻尼比的通常求法就是用式(2.5.16)来进行计算的。

(2)在小阻尼时,由于 φ 很小,这样读数和计算误差就较大,所以一般取相隔若干个波峰序号的振幅比来计算对数衰减率和阻尼比。

$$\varphi^n = \left|\frac{A_K}{A_{K+1}}\right| = e^{\frac{1}{2}n\varepsilon T_D} \tag{2.5.17}$$

所以
$$\delta = \frac{1}{n}\ln\varphi = \frac{1}{n}\ln\left|\frac{A_K}{A_{K+1}}\right| \tag{2.5.18}$$

在实际对阻尼波形振幅进行读数时,由于基线甚难处理,当阻尼较大时,若基线偏差一点,φ 就相差很大,所以往往读取相邻两个波形峰的峰值之比:$\dfrac{|A_K| + |A_{K+1}|}{|A_{K+1}| + |A_{K+2}|}$。在 $\dfrac{|A_K|}{|A_{K+1}|} = \dfrac{|A_{K+1}|}{|A_{K+2}|}$ 时,$\varphi = \dfrac{|A_K|}{|A_{K+1}|} = \dfrac{|A_K| + |A_{K+1}|}{|A_{K+1}| + |A_{K+2}|}$。这样,实际阻尼波形读取数值就大为方便,求得的阻尼比也更加准确。

应该注意,不同资料中的所谓对数衰减率的数值有不同定义,有的采用半周期取值,有的则采用整周期取值,所以计算结果不同。

2.5.3.4 实验步骤

(1)仪器安装。参照仪器安装示意图安装好电机(或配重质量块)。加速度传感器接入 INV1601B 型振动教学实验仪的第一通道。加装电机(或配重)是为了增加集中质量,使结构更接近单自由度模型。

(2)开机进入 DASP2006 标准版软件的主界面,选择单通道按钮。进入单通道示波状态进行波形和频谱同时示波。

(3)在采样参数中设置好采样频率(1 000 Hz)、采样点数(2 K)、标定值和工程单位等参数。

（4）调节加窗函数旋钮为指数窗。在时域波形显示区域中出现一红色的指数曲线。

（5）当用小锤或用手敲击简支梁或电机，看到响应衰减信号时，按下鼠标左键读数。

（6）把采的当前数据保存到硬盘上，设置好文件名、试验号、测点号和保存路径。

（7）移动光标收取波峰值和相邻的波峰值并记录，在频谱图中读取当前波形的频率值。

（8）重复上述步骤，收取不同位置的波峰值和相邻的波谷值。

（9）如果有兴趣，移动光标收取峰值，记录峰值，利用原理中的公式手动计算。

2.5.3.5　实验结果和分析

测得的单自由度系统的固有频率和阻尼如表 2.5.3 所列。

表 2.5.3　单自由度系统固有频率和阻尼

实验次数	第一峰峰值			第二峰峰值			频率/Hz	阻尼比/%
	波峰值	波谷值	峰峰值	波峰值	波谷值	峰峰值		
1								
2								
3								

2.5.4　单自由度系统强迫振动的幅频特性、固有频率及阻尼比的测定

2.5.4.1　实验目的

（1）学会测量单自由度系统强迫振动的幅频特性曲线。

（2）学会根据幅频特性曲线确定系统的固有频率和阻尼比。

2.5.4.2　实验仪器

实验仪器安装示意如图 2.5.10 所示。

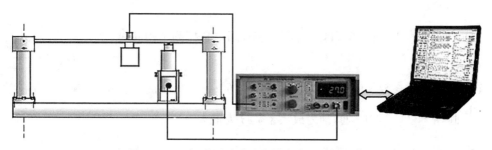

图 2.5.10　振动测试试验台的组成及连接示意

2.5.4.3　实验原理

简谐力作用下的阻尼振动系统，其运动方程为

$$m\frac{\mathrm{d}^2 x}{\mathrm{d}t^2} + C\frac{\mathrm{d}x}{\mathrm{d}t} + Kx = F_0 \sin \omega_\mathrm{e} t \tag{2.5.19}$$

方程式的解由 x_1 和 x_2 这两部分组成：

$$x_1 = \mathrm{e}^{-\varepsilon t}(C_1 \cos \omega_\mathrm{D} t + C_2 \sin \omega_\mathrm{D} t) \tag{2.5.20}$$

式中，$\omega_D = \omega\sqrt{1-D^2}$；常数 C_1，C_2 由初始条件决定。

$$x_2 = A_1 \sin\omega_e t + A_2 \cos\omega_e t \tag{2.5.21}$$

式中，$A_1 = \dfrac{q(\omega^2-\omega_e^2)}{(\omega^2-\omega_e^2)^2 + 4\varepsilon^2\omega_e^2}$；$A_2 = \dfrac{2q\omega_e\varepsilon}{(\omega^2-\omega_e^2)^2 + 4\varepsilon^2\omega_e^2}$；$q = \dfrac{F_0}{m}$。

x_1 代表阻尼自由振动基，x_2 代表阻尼强迫振动项。

有阻尼的强迫振动，经过一定时间后，只剩下强迫振动部分。

幅频特性：
$$A = \frac{1}{\sqrt{(1-u^2)^2 + 4u^2 D^2}} x_{st} = \beta x_{st} \tag{2.5.22}$$

动力放大系数：
$$\beta = \frac{1}{\sqrt{(1-u^2)^2 + 4u^2 D^2}} = \frac{A}{x_{st}} \tag{2.5.23}$$

当干扰力决定后，由力产生的静态位移 x_{st} 就可随之决定，而强迫振动的动态位移与频率比 u 和阻尼比 D 有关，这种关系即表现为幅频特性。动态振幅 A 和静态位移 x_{st} 之比值 β 称为动力放大系数，它由频率比 u 和阻尼比 D 所决定。把 β，u 和 D 的关系作成曲线，称为位移频率响应曲线，如图 2.5.11 所示。

(1) 当 $\dfrac{\omega_e}{\omega}$ 很小时，即干扰频率比自振频率小得多时，动力放大系数在任何阻尼系数条件下均近于 1。

(2) 当 $\dfrac{\omega_e}{\omega}$ 很大时，即干扰频率比自振频率大很多时，动力放大系数则很小，小于 1。

(3) 当 $\dfrac{\omega_e}{\omega}$ 接近于 1 时，动力系数迅速增加，这时阻尼的影响比较明显，在共振点时动力系数 $\beta = \dfrac{1}{2D}$。

(4) 当 $\dfrac{\omega_e}{\omega} = \sqrt{1-D^2}$ 时，即干扰频率和有阻尼自振频率相同时，$\beta = \dfrac{1}{2D\sqrt{1-\dfrac{3D^2}{4}}}$。

(5) 动力放大系数的极大值，除了 $D=0$ 时在 $u=1$ 处 β 最大以外，当有阻尼存在时，在 $D \leqslant \dfrac{1}{\sqrt{2}}$ 时，$u=\sqrt{1-2D^2}$ 处，动力放大系数 β 为最大。

速度和加速度的响应关系式：
$$\frac{x}{x_{st}} = \frac{x}{F_0/K} = \frac{1}{\sqrt{(1-u^2) + 4u^2 D^2}} \sin(\omega_e t - \varphi) = \beta\sin(\omega_e t - \varphi) \tag{2.5.24}$$

将式 (2.5.24) 对时间 t 微分可得无量纲速度形式：
$$\frac{x'}{F_0/\sqrt{Km}} = u\beta\cos(\omega_e t - \varphi) = \beta_v\cos(\omega_e t - \varphi) \tag{2.5.25}$$

式中，$\beta_v = u\beta = \dfrac{u^2}{\sqrt{(1-u^2)^2 + 4u^2 D^2}}$。

无量纲的加速度响应,将式(2.5.25)对时间 t 再微分一次,即

$$\frac{x''}{F_0/m} = -\beta u^2 \sin(\omega_e t - \varphi) = -\beta_a \sin(\omega_e t - \varphi) \qquad (2.5.26)$$

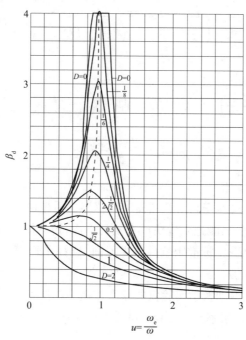

图 2.5.11　简谐力作用的位移频率响应曲线

振动幅度最大的频率叫共振频率 ω_D,f_D,有阻尼时共振频率为

$$\omega_D = \omega \sqrt{1 - D^2} \text{ 或 } f_D = f \sqrt{1 - D^2} \qquad (2.5.27)$$

式中,ω,f 为固有频率;D 为阻尼比。

由于阻尼比较小,所以一般认为 $\omega_D = \omega$。

根据幅频特性曲线(图 2.5.12):

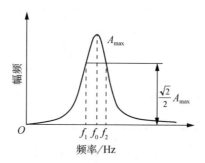

图 2.5.12　半功率法求阻尼

当 $D < 1$ 时,共振处的动力放大系数 $|\beta_{max}| = \dfrac{1}{2D\sqrt{1-D^2}} \approx \dfrac{1}{2D} = Q$,峰值两边 $\beta = \dfrac{Q}{\sqrt{2}}$

处的频率 f_1，f_2 称为半功率点，f_1 与 f_2 之间的频率范围称为系统的半功率带宽。

代入动力放大系数计算公式：

$$\beta = \cfrac{1}{\sqrt{\left[1-\left(\cfrac{f_{1,2}}{f_0}\right)^2\right]^2+4\left(\cfrac{f_{1,2}}{f_0}\right)^2 D^2}} = \frac{Q}{\sqrt{2}} = \frac{1}{2D\sqrt{2}}$$

当 D 很小时，解得

$$\left(\frac{f_{1,2}}{f_0}\right)^2 \approx 1 \mp 2D \quad 即 \quad f_2^2 - f_1^2 \approx 4Df_0^2 \tag{2.5.28}$$

$$D = \frac{f_2-f_1}{2f_0} \tag{2.5.29}$$

2.5.4.4　实验步骤

（1）仪器安装。参考仪器安装示意图安装好仪器。质量块可到 2.5 kg，上下都可以放，由于速度传感器不能倒置，只能把质量块放在梁的下面，传感器安装在简支梁的中部。

（2）开机进入 DASP2006 标准版软件的主界面，选择单通道按钮。进入单通道示波状态进行波形和频谱同时示波。

（3）把 INV1601B 型振动教学实验仪的频率按钮手动搜索一下梁当前的共振频率。然后把频率调到零，逐渐增大频率至 50 Hz。每增加一次（2~5 Hz），在共振峰附近尽量增加测试点数。

（4）在表格中记录频率值和幅值。

2.5.4.5　实验结果和分析

（1）实验数据（表 2.5.4）。

表 2.5.4　实验所测频率值和幅值

频率/Hz							
振幅/mm							
频率/Hz							
振幅/mm							
频率/Hz							
振幅/mm							
频率/Hz							
振幅/mm							

（2）用表中的实验数据绘制出单自由度系统强迫振动的幅频特性曲线。

（3）根据所绘制的幅频特性曲线，找出系统的共振频率 f_D。

（4）计算出 $\frac{\sqrt{2}}{2} A_{\max}$，根据幅频特性曲线确定 f_1 和 f_2，$f_0 = f_D$，根据公式 $D = \frac{f_2-f_1}{2f_0}$ 计算阻尼比。

第3章　变形体力学实验

3.1　拉伸与压缩实验

拉伸实验是测定材料在静载荷作用下机械性能最基本和最重要的实验之一。这不仅是因为拉伸实验简便易行、易于分析，且测试技术较为成熟，更重要的是因为工程设计中所选用材料的强度、塑性和弹性模量等机械性能指标，大多是以拉伸实验为主要依据的。本实验将选用两种典型的材料——低碳钢和铸铁，作为常温和静载下塑性和脆性材料的代表，分别做拉伸和压缩实验。

3.1.1　实验目的

（1）通过对低碳钢和铸铁这两种不同性能的材料在拉伸、压缩破坏过程中的观察和对实验数据、断口特征的分析，了解它们的力学性能特点。

（2）了解电子万能试验机的构造、原理和操作。

（3）测定低碳钢拉伸时的弹性模量 E、下屈服强度 σ_{sL}、抗拉强度 σ_b、断后伸长率 σ_5 和断面收缩率 ψ；测定低碳钢压缩时的屈服强度 σ_{sc}；测定铸铁拉伸时的抗拉强度 σ_b 和压缩时的抗压强度 σ_{bc}。

3.1.2　试样

1. 试样制备

由于试样的形状和尺寸对实验结果有一定的影响，为了使实验结果具有可比性，试样应按统一规定加工成标准试样。按《金属材料室温拉伸试验方法》(GB/T 228—2010)规定，拉伸试样可分比例试样和定标距试样两种。比例试样是指按相似原理，原始标距 L_0 与试样截面积平方根 $\sqrt{S_0}$ 有一定的比例关系，即 $L_0 = k\sqrt{S_0}$，k 取 5.65 或 11.3，前者称短比例试样，后者称长比例试样，并修约到 5 mm，10 mm 的整倍数长。对于圆试样，二者的 L_0 则分别为 $L_0 = 5d_0$ 和 $L_0 = 10d_0$。一般推荐用短比例试样。定标距试样是指取规定 L_0 长度，与 S_0 无比例关系。图 3.1.1 为一种拉伸圆试样图形，试样头部与平行部分要过渡缓和，以减少应力集中，其圆弧半径 r 依试样尺寸、材质和加工工艺而定，而 $d_0 = 10$ mm 的圆试样，$r > 4$ mm。试样两端头部形状依试验机夹头形式而定，要保证拉力通过试样轴线，不产生附加弯矩,其长度 H 至少为夹具长度的 3/4。中部平行长度 $L_c > L_0 + d$。 为测定断后伸长率 δ,要在试样上标出原始标距 L_0,可采用划线或打点法,标出一系列等分格标记。

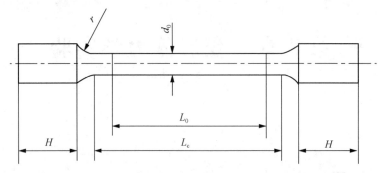

图 3.1.1 拉伸圆试样

压缩试样常用圆柱形和正方柱形。本实验取圆柱形。为了既防止试样失稳,又使试样中段为均匀单向压缩(距端面小于 $0.5d_0$,受端面摩擦力影响,应力分布不是均匀单向的),其长度一般为 $L = (1 \sim 3.5)d_0$。 为防止偏心受力引起的弯曲影响,对两端面的不平行度及它们与圆柱轴线的不垂直度也有一定要求。图 3.1.2 为圆柱形压缩试样图。

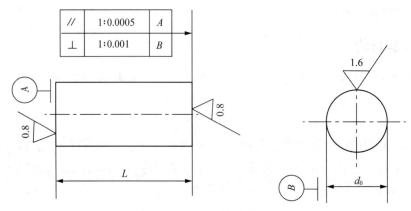

图 3.1.2 圆柱形压缩试样

2. 试样直径测量

对于拉伸试样,取试样工作段的两端和中间共 3 个截面,每个截面在相互垂直的方向各量取一次直径,取其算术平均值作为该截面的平均直径,再取这 3 个平均直径的最小值作为被测拉伸试样的原始直径。对于压缩试样,在试样的中间截面处相互垂直的方向各量取一次直径,取其算术平均值作为被测压缩试样的原始直径。

3.1.3 电子万能试验机简介

1. 构造原理

测定材料力学性能的主要设备是材料试验机。一般把同时可以做拉伸、压缩、剪切和弯曲等多种实验的试验机称为万能材料试验机。供静力实验用的万能材料试验机有液压式、机械式和电子机械式等类型。下面介绍的电子万能试验机为电子机械式的试验机,它是电子技术与机械传动相结合的一种新型试验机,以 CSS-44000 型试验机为例,它由主机、控制器、计算机系统及附件所组成,如图 3.1.3 所示。

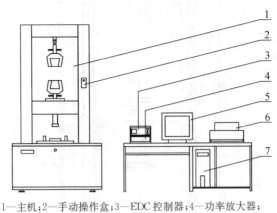

1—主机;2—手动操作盒;3—EDC 控制器;4—功率放大器;
5—计算机显示器;6—打印机;7—计算机主机

图 3.1.3　CSS-44000 型电子万能试验机布局

1) 主机部分

电子万能试验机主机由负荷机架、传动系统、夹持系统和位置保护装置等 4 部分组成,如图 3.1.4 所示。

(1) 负荷机架。

负荷机架由四立柱支承上横梁与工作台板构成门式框架,两丝杠穿过动横梁两端并安装在上横梁与工作台板之间。工作台板由两个支脚支承在底板上,且机械传动减速器也固定在工作台板上。工作时,伺服电机驱动机械传动减速器,进而带动丝杠转动,驱使动横梁上下移动。实验过程中,力在门式负荷框架内得到平衡。

(2) 传动系统。

传动系统由数字式脉宽调制直流伺服系统、减速装置和传动带轮等组成。执行元件采用永磁直流伺服电机,其特点是响应快,而且该电机具有高转矩和良好的低速性能。由与电机同步的高性能光电编码器作为位置反馈元件,使动横梁获得准确而稳定的实验速度。

(3) 夹持系统。

对于 100 kN 和 200 kN 规格的电子万能试验机,在拉伸夹具的上夹头均安装有万向连轴节,它的作用是消除由于上、下拉伸夹具的不同轴度误差带来的影响,使试样在拉伸过程中只受到沿轴线方向的单向力,并使该力准确地传递给负荷传感器。但是 500 kN 规格的电子万能试验机的夹具不用万向连轴节,而是通过连杆直接与夹具刚性连接。对于双空间结构的电子万能试验机(如 100 kN 和 200 kN 规格的试验机),下夹头安装在动横梁上。对于单空间结构的电子万能试验机(如 500 kN 的试验机),下夹头直接安装在工作台板上。

(4) 位置保护装置。

动横梁位移行程限位保护装置由导杆,上、下限位环以及限位开关组成,安装在负荷机

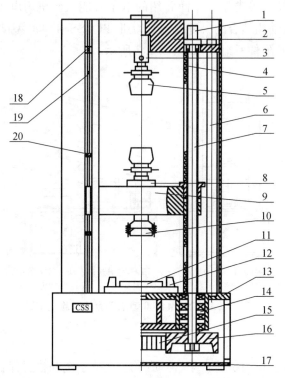

1—位移编码传感器;2—上横梁;3—万向联轴节;4—防尘罩;5—拉伸夹具;
6—立柱;7—滚珠丝杆副;8—负荷传感器;9—活动横梁;10—上压头;11—下压
板;12—弯曲试台;13—工作台;14—轴承组;15—圆弧齿形带;16—大带轮;
17—底板;18—导向节;19—限位杆;20—限位环

图3.1.4 电子式万能试验机主机结构

架的左侧前方。调整上、下限位环可以预先设定动横梁上下运动的极限位置,从而保证当动横梁运动到极限位置时,碰到限位环,进而带动导杆操纵限位开关触头切断驱动电源,动横梁立即停止运行。

2)数字控制器

数字控制系统由德国 DOLI 公司的 EDC120 数字控制器和直流功率放大器组成。其中功率放大器的作用在于功率放大、驱动和控制电机。通常情况下,数字控制器与计算机相连,利用计算机软件控制和完成各种实验。

2. 测量系统

电子式万能试验机测量系统包括载荷测量、试样变形测量和活动横梁的位移测量等3个部分。

(1)载荷测量。

载荷测量是通过负荷传感器来完成的,本实验所用的负荷传感器为应变片式拉、压力传感器,由于这种传感器以电阻应变片为敏感元件,并将被测物理量转换成为电信号,因此便于实现测量数字化和自动化。应变片式拉、压力传感器有圆筒式、轮辐式等类型,本试验机上采用轮辐式传感器。如图 3.1.5 所示,应变片通常接成全桥以提高其灵敏度和实现温度补偿。

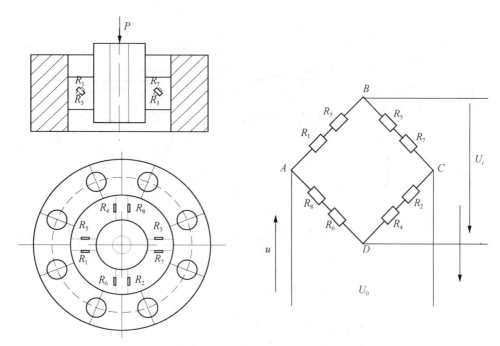

图 3.1.5 轮辐式拉、压力传感器

轮辐式拉、压力传感器的弹性元件为 4 根应变梁,从图 3.1.5 中可知轮轴处受到载荷 P 作用后,4 根应变梁受到剪切力,在梁的 45°角方向和 −45°角方向分别受到拉应变和压应变,故在与传感器受拉方向成 45°角方向贴 4 枚应变片 R_1,R_2,R_3,R_4,在与传感器受拉方向成 −45°角方向贴 4 枚应变片 R_5,R_6,R_7,R_8,然后把对称且同一方向的应变片两两串联组成测量电桥。

(2) 变形测量。

试样的伸长变形量是通过变形传感器来测得的。本实验所用的变形传感器为应变式轴向引伸仪。其外形、结构原理及应变测量桥路如图 3.1.6 所示。引伸仪主要由刚性变形传递杆、弹性元件及贴在其上的应变片和刀刃等部件所组成。L 为引伸仪的初始标距,其长度靠定位销插入销孔来确定。实验前,将引伸仪装夹于试样上,当两刀刃以一定压力与试样接触时,刀刃就与接触点保持同步移动,试样变形就准确地传递给引伸仪,该压力通过绑在试样上的橡皮筋得到,于是,在传递杆带动下,引伸仪的弹性元件产生弯曲应变 ε。从几何关系可以得到,在一定范围内 ΔL 与 ε 可视为正比关系,故测得 ε 后,就可知道试样的伸长 ΔL,然后通过控制器并经放大后输入计算机。

(3) 位移测量。

活动横梁相对于某一初始位置的位移量是借助丝杠的转动来实现的,当滚珠丝杠转动时,通过装在滚珠丝杠上的光电编码传感器输出的脉冲信号经过转换而测得。

3. 操作步骤

(1) 启动计算机后,打开功率放大器电源开关,控制器(上)出现 PC-CONTROL 后,双

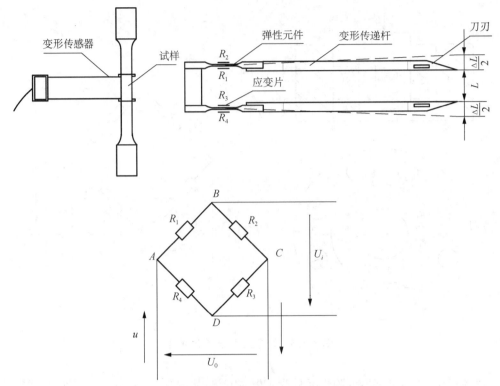

图 3.1.6 变形传感器外形、结构原理及应变测量桥路

击桌面"CSS"图标,然后分别点击"联机"钮和"启动"钮。

(2) 在菜单栏选择"条件",点击"条件读盘",选"低碳钢拉伸实验""压缩实验"或"铸铁拉伸实验""压缩实验",输入实验条件。除数据文件名、试样尺寸、实验者、实验日期和年级专业外,其他选项也可使用默认值。

(3) 安装试样,通过手动操作盒调节机器横梁升降,使之适合拉伸或压缩实验要求。调整时**密切观察横梁与上夹头及下支座间的空余距离,严防接触过载,损坏机器!** 在夹紧拉伸试样前,应将力值清零,即鼠标右键点击力显示框,弹出滚动条,右键点击清零选项,即力值清零。

(4) 根据实验要求安装引伸计,安装好后拔出定位销。

(5) 由于夹具原因,在夹紧试样时,试样可能已经受力,请用鼠标点击"上升"和"暂停"钮卸除载荷。

(6) 开始实验,请点击"试验"钮。如安装了引伸计,当变形超过设定值时,机器会发出提示音,提醒你摘引伸计,此时点击"摘引伸计"钮,并马上摘除引伸计,实验继续进行。当试样破坏后按"结束实验"钮并保存结果,对于低碳钢压缩实验,当加载到 100 kN 左右时结束实验。

3.1.4　实验原理

1. 低碳钢拉伸

低碳钢是工程上广泛使用的材料。低碳钢一般是指含碳量在 0.3% 以下的碳素结构钢。本次实验采用牌号为 Q235 的碳素结构钢,其含碳量在 0.14%～0.22% 范围内,把试样装在电子万能试验机上进行拉伸实验,拉力由负荷传感器测得,位移由光电编码传感器测得,变形由安装在试样上的电子引伸计测得。由于负荷传感器、位移传感器和电子引伸计都通过数字控制器与计算机相连接,因此,低碳钢拉伸时的力和位移曲线、力和变形的关系曲线都直接反映在了显示器上,并保存于计算机。通过一定的计算软件,对应低碳钢拉伸时的应力-应变关系曲线也可获得。

典型的低碳钢拉伸时力和变形的关系曲线($F\text{-}\Delta L$ 曲线),可分为 4 个阶段(图 3.1.7)。

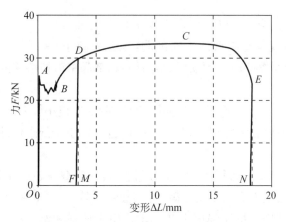

图 3.1.7　低碳钢拉伸时的 $F\text{-}\Delta L$ 曲线

(1) 弹性阶段。

拉伸初始阶段(OA 段)为弹性阶段,在此阶段若卸载,试样的伸长变形即可消失,即弹性变形是可以恢复的变形。在此阶段,力 F 与变形 ΔL 成正比关系。由于弹性模量是材料在线性弹性范围内的轴向应力与轴向应变之比,即 $E = \dfrac{\sigma}{\varepsilon} = \left(\dfrac{F}{S_0}\right)\Big/\left(\dfrac{\Delta L}{L_0}\right) = \dfrac{F \cdot L_0}{\Delta L \cdot S_0}$,而 $\dfrac{F}{\Delta L}$ 为直线 OA 的斜率,因此直线 OA 的斜率乘以 $\dfrac{L_0}{S_0}$ 即为低碳钢材料的弹性模量 E。弹性模量 E 又称杨氏模量。

(2) 屈服阶段。

继续增加载荷,当实验进行到 A 点以后,试样继续变形,但力却不再增加,而是出现一段比较平坦的波浪线。若试样表面加工光洁,那么此时可看到呈 45° 角倾斜的滑移线。这种现象称为屈服,即进入屈服阶段(AB 段)。其特征值屈服强度表征材料抵抗永久变形的能力,是材料重要的力学性能指标。屈服强度分为上屈服强度和下屈服强度,分别用 σ_{su} 和 σ_{sL} 表示,工程上通常采用下屈服强度 σ_{sL} 作为设计依据。

（3）强化阶段。

过了屈服阶段（B 点），力又开始增加，曲线亦趋上升，说明材料结构组织发生变化，得到强化，需要增加载荷，才能使材料继续变形。随着载荷增加，曲线斜率逐渐减小，直到 C 点，达到峰值，该点为抗拉极限载荷，即试样能承受的最大载荷。此阶段（BC 段）称强化阶段。若在强化阶段某点 D 卸去载荷，可看到此时曲线沿与弹性阶段（OA）近似平行的直线（DF）降到 F 点，若再加载，它又沿原直线（DF）升到 D 点，说明亦为线弹性关系，只是比原弹性阶段提高了。D 点的变形可分为两部分，即可恢复的弹性变形（FM 段）和残余（永久）的塑性变形（OF 段）。这种在常温下冷拉过屈服阶段后呈现的性质，称为冷作硬化。在工程上常利用冷作硬化来提高钢筋和钢缆绳等构件在线弹性范围内所能承受的最大载荷，但此工艺同时亦降低了材料的塑性性能，如图 3.1.7 所示，冷拉后的断后伸长 FN 比原来的断后伸长 ON 减少了。这种冷作硬化性质，只有经过退火处理，才能消失。

（4）颈缩阶段。

材料强化到达最高点 C 以后，试样出现不均匀的轴线伸长，在某薄弱处，截面明显收缩，直到断裂，称颈缩现象。因截面不断削弱，承载力减小，曲线呈下降趋势，直到断裂点 E，该阶段（CE 段）为颈缩阶段。颈缩现象是材料内部晶格剪切滑移的表现。

2. 铸铁拉伸

铸铁拉伸图（图 3.1.8）比低碳钢拉伸图简单，在变形很小时就达到最大的载荷而突然发生断裂破坏，没有屈服和颈缩现象，其抗拉强度也远远小于低碳钢的抗拉强度。

3. 低碳钢压缩

低碳钢压缩图如图 3.1.9 所示。它也有屈服阶段，当载荷超过屈服值以后，由于低碳钢是塑性材料，继续加载也不会出现明显破坏，只会越压越扁，同时试样的横截面积也越来越大，这就使得低碳钢试样的抗压强度无法测定。由于试样两端面受到摩擦力的影响，不可能像其中间部分那样自由地发生横向变形，因此试样变形后逐渐被压成鼓形，如果再继续加载，试样则由鼓形再变成象棋形状甚至饼形。

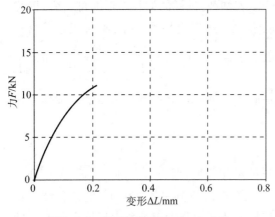

图 3.1.8　铸铁拉伸时的 F-ΔL 曲线

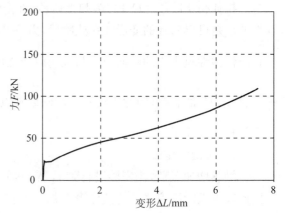

图 3.1.9　低碳钢压缩时的 F-ΔL 曲线

4. 铸铁压缩

铸铁压缩图（图 3.1.10）与铸铁拉伸图相似，不过其抗压强度要比其抗拉强度大得多。

试样破坏时断裂面大约与试样轴线成 45°角,说明破坏主要是由切应力引起的。

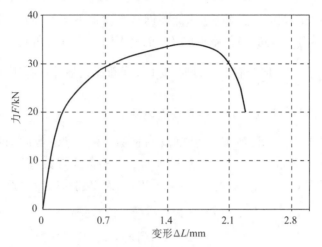

图 3.1.10　铸铁压缩时的 F-ΔL 曲线

3.1.5　拉伸、压缩力学性能的实验定义和测定

1. 屈服强度 σ_s、上屈服强度 σ_{su}、下屈服强度 σ_{sL}、压缩时屈服强度 σ_{sc}

在屈服阶段,若载荷是恒定的,则此时的应力称屈服强度 σ_s;若载荷下降或波动,则首次下降前的最大应力为上屈服强度 σ_{su},波动的最小应力为下屈服强度 σ_{sL}。本实验系测定材料的下屈服强度 σ_{sL}。

压缩时,则不分上、下屈服强度,把上述方法测定的 σ_s 或 σ_{sL} 当作屈服强度 σ_{sc}。

$$\sigma_s = \frac{F_s}{S_0}, \ \sigma_{su} = \frac{F_{su}}{S_0}, \ \sigma_{sL} = \frac{F_{sL}}{S_0}, \ \sigma_{sc} = \frac{F_{sc}}{S_0} \tag{3.1.1}$$

2. 抗拉强度 σ_b

拉伸过程中最大载荷与试样原始横截面积之比称为抗拉强度 σ_b。

$$\sigma_b = \frac{F_b}{S_0} \tag{3.1.2}$$

3. 抗压强度 σ_{bc}

试样受压至破坏前承受的最大载荷与试样原始横截面积之比称为抗压强度 σ_{bc}。不发生破裂的材料,如低碳钢则没有抗压强度极限。

4. 断后伸长率 δ

试样拉断后,标距内的伸长与原始标距 L_0 的百分比称为断后伸长率 δ。

$$\delta = \frac{L_1 - L_0}{L_0} \times 100\% \tag{3.1.3}$$

式中,L_1 是试样断后标距,测量时将断后的试样按原样紧密对接在同一轴线上量取。短、长比例试样的断后伸长率分别以符号 δ_5，δ_{10} 表示。定标距试样的断后伸长率应附以该标距数值的角注。例如：$L_0 = 100$ mm 或 200 mm，则分别以符号 $\delta 100$ mm 或 $\delta 200$ mm 表示。

许多塑性材料在断裂前发生颈缩（如低碳钢），会发生不均匀伸长（断口处伸长最大），于是，断口发生在标内的不同位置，量取的 L_1 也会不同。为具有可比性，当断口到最邻近标距端点的距离大于 $\frac{1}{3}L_0$ 时，直接测量断后标距；当断口到最邻近标距端点的距离小于或等于 $\frac{1}{3}L_0$ 时，需采用断口移中的办法。具体方法如下：

在长段上从拉断处 O 取基本等于短段的格数，得 B 点，若此时剩余格数为偶数[图 3.1.11(a)]，取剩余格数一半得 C 点；若此时剩余格数为奇数[图 3.1.11(b)]，取剩余格数减 1 后的一半得 C 点，加 1 后的一半得 C_1 点，从而得到移位后的断后标距 L_1 分别为

$$\left.\begin{array}{l} L_1 = AB + 2BC（当剩余格数为偶数时）\\ L_1 = AB + BC + BC_1（当剩余格数为奇数时）\end{array}\right\} \tag{3.1.4}$$

5. 断面收缩率 ψ

原始横截面积 S_0 与断后最小横截面积 S_1 之差除以原始截面积的百分率称为断面收缩率 ψ。

$$\psi = \frac{S_0 - S_1}{S_0} \times 100\% \tag{3.1.5}$$

颈缩处最小横截面积 S_1 的测定，是在断口按原样沿同一轴线对接后，在颈缩最小处两个相互垂直的方向上测量其直径，取二者的算术平均值计算。

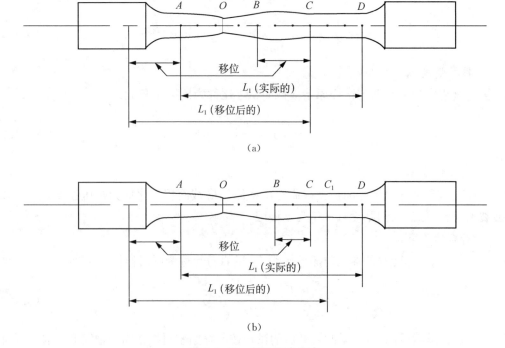

(a)

(b)

图 3.1.11 断口移中示意

3.1.6　问题讨论

（1）材料相同，直径相同的长比例试件 $L_0 = 10d_0$ 和短比例试样 $L_0 = 5d_0$，其拉断后伸长率 δ 是否相同？

（2）试件的截面形状和尺寸对测定弹性模量值是否有影响？

（3）在同一温度，以不同的加载速度进行拉伸实验，所得结果是否相同？

（4）是否可以通过拉伸实验来测得材料的泊松比 μ 值？

3.2　电测原理及其桥路连接实验

电阻应变测量是将应变转换成电信号进行测量的方法，简称电测法。其基本原理是：将电阻应变片（简称应变片）粘贴在被测构件的表面，当构件发生变形时，应变片随着构件一起变形，应变片的电阻值将发生相应的变化。通过电阻应变测量仪器（简称电阻应变仪），可测量出应变片中电阻值的变化，并换算成应变值，或输出与应变成正比的模拟电信号（电压或电流），用记录仪记录下来，也可用计算机按预定的要求进行数据处理，得到所需要的应变或应力值。其工作过程如下：

应变—电阻变化—电压（或电流）变化—放大—记录—数据处理。

电测法具有灵敏度高的特点，应变片质量轻、体积小且可在高（低）温、高压等特殊环境下使用，测量过程中的输出量为电信号，便于实现自动化和数字化，并能进行远距离测量及无线遥测。

3.2.1　电阻应变片

1. 电阻应变片的构造和类型

电阻应变片的构造很简单，把一根很细的具有高电阻率的金属丝在制片机上按图 3.2.1 所示的方式排绕后，用胶水黏结在两片薄纸之间，再焊上较粗的引出线，成为早期常用的丝绕式应变片。应变片一般由敏感栅（即金属丝）、黏结剂、基底、引出线和覆盖层五部分组成。若将应变片粘贴在被测构件的表面，当金属丝随构件一起变形时，其电阻值也随之变化。

常用的应变片包括丝绕式应变片［图 3.2.1（a）］、短接线式应变片和箔式应变片［图 3.2.1(b)］等。它们均属于单轴式应变片，即一个基底上只有一个敏感栅，用于测量沿栅轴方向的应变。如图 3.2.2 所示，在同一基底上按一定角度布置了几个敏感栅，可测量同一点沿几个敏感栅栅轴方向的应变，因而称为多轴应变片，俗称应变花。应变花主要用于测量平面应力状态下一点的主应变和主方向。

2. 电阻应变片的灵敏系数

在用应变片进行应变测量时，需要对应变片中的金属丝加上一定的电压。为了防止电流过大，产生发热和熔断等现象，要求金属丝有一定的长度，以获得较大的初始电阻值。但在测量构件的应变时，又要求尽可能缩短应变片的长度，以测得"一点"的真实应变。因此，

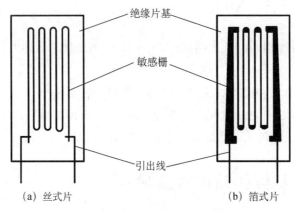

图 3.2.1　电阻应变片

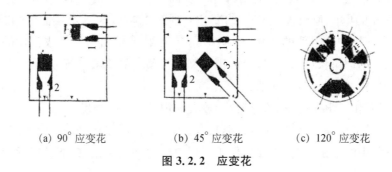

图 3.2.2　应变花

应变片中的金属丝一般做成如图 3.2.1 所示的栅状,称为敏感栅。粘贴在构件上的应变片,其金属丝的电阻值随着构件的变形而发生变化的现象,称为电阻应变现象。在一定的变形范围内,金属丝的电阻变化率与应变呈线性关系。当将应变片安装在处于单向应力状态的试件表面,并使敏感栅的栅轴方向与应力方向一致时,应变片电阻值的变化率 $\Delta R/R$ 与敏感栅栅轴方向的应变 ε 成正比,即

$$\frac{\Delta R}{R} = K\varepsilon \tag{3.2.1}$$

式中,R 为应变片的原始电阻值;ΔR 为应变片电阻值的改变量;K 称为应变片的灵敏系数。

应变片的灵敏系数一般由制造厂家通过实验测定,这一步骤称为应变片的标定。在实际应用时,可根据需要选用不同灵敏系数的应变片。

3. 电阻应变片的粘贴和防护

常温应变片通常采用黏结剂粘贴在构件的表面。粘贴应变片是测量准备工作中最重要的一个环节。在测量中,构件表面的变形通过黏结层传递给应变片。显然,只有黏结层均匀、牢固、不产生蠕滑,才能保证应变片如实地再现构件表面的变形。应变片的粘贴由手工操作,一般按如下步骤进行:

（1）检查、分选应变片。

（2）处理构件的测点表面。

（3）粘贴应变片。

（4）加热烘干、固化。

（5）检查应变片的电阻值,测量绝缘电阻。

（6）引出导线。

实际测量中,应变片可能处于多种环境中,有时需要对粘贴好的应变片采取相应的防护措施,以保证其安全可靠。一般在应变片粘贴完成后,根据需要可用石蜡、纯凡士林和环氧树脂等对应变片的表面进行涂覆保护。

3.2.2　电阻应变片的测量电路

在使用应变片测量应变时,必须用适当的办法测量其电阻值的微小变化。为此,一般是把应变片接入某种电路,让其电阻值的变化对电路进行某种控制,使电路输出一个能模拟该电阻值变化的信号,然后,只要对这个电信号进行相应的处理即可。常规电测法使用的电阻应变仪的输入回路叫作应变电桥,它是将应变片作为其部分或全部桥臂的四臂电桥。它能把应变片电阻值的微小变化转化成输出电压的变化。下面仅以直流电压电桥为例加以说明。

1. 电桥的输出电压

电阻应变仪中的电桥线路如图 3.2.3 所示,它以应变片或电阻元件作为电桥桥臂。可取 R_1 为应变片,R_1 和 R_2 为应变片或 $R_1 \sim R_4$ 均为应变片等几种形式。A,C 和 B,D 分别为电桥的输入端和输出端。

根据电工学原理,可知当输入端加有电压 U_1 时,电桥的输出电压为

$$U_O = \frac{R_1 R_3 - R_2 R_4}{(R_1 + R_2)(R_3 + R_4)} U_1 \tag{3.2.2}$$

当 $U_O = 0$ 时,电桥处于平衡状态。因此,电桥的平衡条件为 $R_1 R_3 = R_2 R_4$。当处于平衡的电桥中,各桥臂的电阻值分别有 ΔR_1,ΔR_2,ΔR_3 和 ΔR_4 的变化时,可近似地求得电桥的输出电压为

$$U_O \approx \frac{U_1}{4}\left(\frac{\Delta R_1}{R_1} - \frac{\Delta R_2}{R_2} + \frac{\Delta R_3}{R_3} - \frac{\Delta R_4}{R_4}\right) \tag{3.2.3}$$

由此可见,应变电桥有一个重要的性质:应变电桥的输出电压与相邻两桥臂的电阻变化率之差、相对两桥臂电阻变化率之和成正比。对于平衡电桥,如果相邻两桥臂的电阻变化率大小相等、符号相同,或相对两桥臂的电阻变化率大小相等、符号相反,则电桥将不会改变其平衡状态,即保持 $U_O = 0$。

如果电桥的 4 个桥臂均接入相同的应变片,则有

$$U_O = \frac{KU_I}{4}(\varepsilon_1 - \varepsilon_2 + \varepsilon_3 - \varepsilon_4) \qquad (3.2.4)$$

式中,$\varepsilon_1 \sim \varepsilon_4$ 分别为接入电桥 4 个桥臂的应变片的应变值。

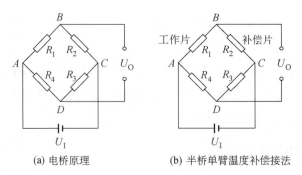

(a) 电桥原理　　　　　　　　(b) 半桥单臂温度补偿接法

图 3.2.3　电桥线路

2. 温度效应的补偿

贴有应变片的构件总是处在某一温度场中。若敏感栅材料的线膨胀系数与构件材料的线膨胀系数不相等,则当温度发生变化时,由于敏感栅与构件的伸长(或缩短)量不相等,在敏感栅上就会受到附加的拉伸(或压缩)力,从而会引起敏感栅电阻值的变化,这种现象称为温度效应。敏感栅电阻值随温度的变化率可近似地看作与温度成正比。温度的变化对电桥的输出电压影响很大,严重时,每升温 1℃,电阻应变片中可产生几十微应变。显然,这是非被测(虚假)的应变,必须设法排除。排除温度效应的措施,称为温度补偿。根据电桥的性质,温度补偿并不困难。只要用一个应变片作为温度补偿片,将它粘贴在一块与被测构件材料相同但不受力的试件上。将此试件和被测构件放在一起,使它们处于同一温度场中。粘贴在被测构件上的应变片称为工作片。在连接电桥时,使工作片与温度补偿片处于相邻的桥臂,如图 3.2.3(b)所示。因为工作片和温度补偿片的温度始终相同,所以它们因温度变化所引起的电阻值的变化也相同,又因为它们处于电桥相邻的两臂,所以并不产生电桥的输出电压,从而使得温度效应的影响被消除。

必须注意,工作片和温度补偿片的电阻值、灵敏系数以及电阻温度系数应相同,分别粘贴在构件上和不受力的试件上,以保证它们因温度变化所引起的应变片电阻值的变化相同。

3. 应变片的布置和在电桥中的接法

应变片感受的是构件表面某点的拉应变或压应变。在有些情况下,该应变可能与多种内力(比如轴力和弯矩)有关。有时,只需测量出与某种内力所对应的应变,要把与其他内力所对应的应变从总应变中排除掉。显然,应变片本身不会分辨各种应变成分,但是只要合理地选择粘贴应变片的位置和方向,并把应变片合理地接入电桥,就能利用电桥的性质,从比较复杂的组合应变中测量出指定的应变。

应变片在电桥中的接法常有以下三种形式:

(1) 半桥单臂接法。如图 3.2.3(b)所示,将一个工作片和一个温度补偿片分别接入两个相邻桥臂,另两个桥臂接固定电阻。如果工作片的应变为 ε,则电桥的输出电压为

$$U_O = \frac{KU_I}{4}\varepsilon \tag{3.2.5}$$

(2) 半桥双臂接法。如图 3.2.4 所示,将两个工作片接入电桥的两个相邻桥臂,另两个桥臂接固定电阻,两个工作片同时互为温度补偿片。如果工作片的应变分别为 ε_1 和 ε_2,则电桥的输出电压为

$$U_O = \frac{KU_I}{4}(\varepsilon_1 - \varepsilon_2) \tag{3.2.6}$$

若 $\varepsilon_1 = -\varepsilon_2 = \varepsilon$,则电桥的输出电压为

$$U_O = \frac{KU_I}{2}\varepsilon \tag{3.2.7}$$

即半桥双臂接法电桥的输出电压为半桥单臂接法的两倍。

(3) 全桥接法。如图 3.2.5 所示,电桥的 4 个桥臂全部接入工作片,如果工作片的应变分别为 ε_1、ε_2、ε_3 和 ε_4,则电桥的输出电压为

$$U_O = \frac{KU_I}{4}(\varepsilon_1 - \varepsilon_2 + \varepsilon_3 - \varepsilon_4) \tag{3.2.8}$$

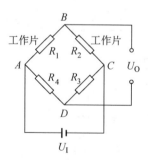
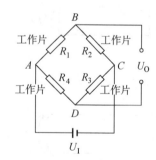

图 3.2.4　半桥双臂接法　　　　图 3.2.5　全桥接法

若 $\varepsilon_1 = -\varepsilon_2 = \varepsilon_3 = -\varepsilon_4 = \varepsilon$,则电桥的输出电压为

$$U_O = KU_I\varepsilon \tag{3.2.9}$$

即全桥接法电桥的输出电压为半桥单臂接法的 4 倍。

必须注意,接入同一电桥各桥臂的应变片(工作片或温度补偿片)的电阻值、灵敏系数和电阻温度系数均应相同。

应变仪读数 ε_r 具有对臂相加、邻臂相减的特性。根据此特性,采用不同的桥路布置方法,有时可达到提高测量灵敏度的目的,有时可达到在复合抗力中只测量某一种内力素、消除另一种或几种内力素的作用。同学们可视具体情况灵活运用。表 3.2.1 给出直杆在几种

主要变形条件下测量应变使用的布片及接线方法。

表 3.2.1　常见变形情况下应变电测方法

变形形式	需测应变	应变片的粘贴位置	电桥连接方法	测量应变ε与仪器读数应变 ε_r 间的关系	备注
拉或压	拉或压			$\varepsilon = \varepsilon_r$	R_1 为工作片，R_2 为补偿片
				$\varepsilon = \dfrac{\varepsilon_r}{1+\mu}$	R_1 为纵向工作片，R_2 为横向工作片，μ 为材料泊松比
弯曲	弯曲			$\varepsilon = \dfrac{\varepsilon_r}{2}$	R_1 和 R_2 均为工作片
				$\varepsilon = \dfrac{\varepsilon_r}{1+\mu}$	R_1 为纵向工作片，R_2 为横向工作片
扭转	扭转主应变			$\varepsilon = \dfrac{\varepsilon_r}{2}$	R_1 和 R_2 均为工作片

(续表)

变形形式	需测应变	应变片的粘贴位置	电桥连接方法	测量应变 ε 与仪器读数应变 ε_r 间的关系	备注
拉弯或压弯组合	拉或压	(R_2 上，R_1 下；R，R)	R_2 R_1—A；—B；R R—C	$\varepsilon = \varepsilon_r$	R_1 和 R_2 均为工作片，R 为补偿片
			R_1 R—B；A—C；R R_2—D	$\varepsilon = \dfrac{\varepsilon_r}{2}$	
	弯曲	(R_2 上，R_1 下)	R_1—A；—B；R_2—C	$\varepsilon = \dfrac{\varepsilon_r}{2}$	R_1 和 R_2 均为工作片
拉扭或压扭组合	扭转主应变	(R_1 R_2)	R_1—A；—B；R_2—C	$\varepsilon = \dfrac{\varepsilon_r}{2}$	R_1 和 R_2 均为工作片
	拉或压	(R_1 R_3 上，R_2 R_4 下)	R_2 R_1—A；—B；R_3 R_4—C	$\varepsilon = \dfrac{\varepsilon_r}{1+\mu}$	R_1，R_2，R_3，R_4 均为工作片
			R_1 R_3—B；A—C；R_4 R_2—D	$\varepsilon = \dfrac{\varepsilon_r}{2(1+\mu)}$	

（续表）

变形形式	需测应变	应变片的粘贴位置	电桥连接方法	测量应变 ε 与仪器读数应变 ε_r 间的关系	备注
弯扭组合	扭转主应变	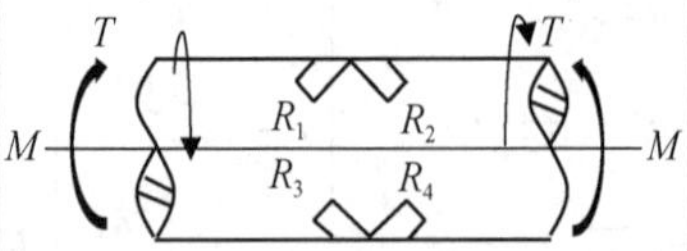	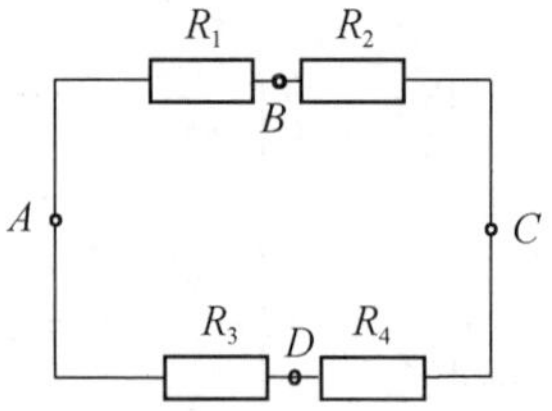	$\varepsilon = \dfrac{\varepsilon_r}{4}$	R_1，R_2，R_3，R_4 均为工作片
	弯曲	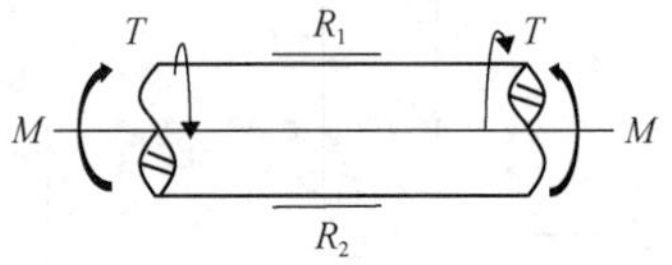	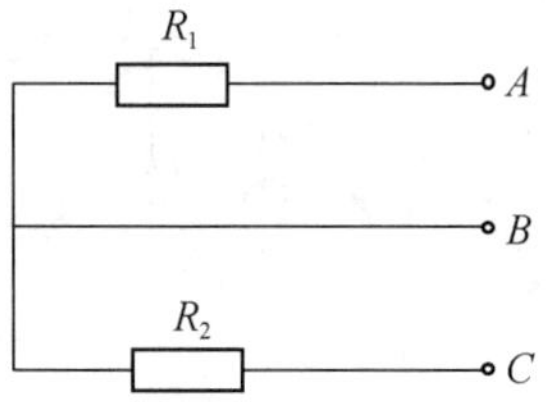	$\varepsilon = \dfrac{\varepsilon_r}{2}$	R_1，R_2 均为工作片

3.2.3　问题讨论

（1）在温度补偿法电测中，对补偿块和补偿片的要求是什么？

（2）本实验中采用哪些桥路连接方法来测量截面的正应力，不同桥路连接方法有何优缺点？

3.3　扭转实验

扭转实验是对杆件施加绕轴线转动的力偶矩，以测定其扭转变形和力学性能的实验，是材料力学的一项重要实验。

3.3.1　实验目的

（1）通过对低碳钢和铸铁这两种典型材料在扭转破坏过程中的观察，以及对实验数据、断口特征的分析，了解它们的扭转力学性能特点。

（2）了解电子式扭转试验机的构造、原理和操作方法。

（3）利用电子式扭转试验机测定低碳钢扭转时的剪切屈服极限 τ_s、剪切强度极限 τ_b 和单位扭角 θ，以及铸铁扭转时的剪切强度极限 τ_b 和单位扭角 θ。

3.3.2　试样

1. 试样制备

本实验采用圆形试样，直径为 $10\ mm$，夹持头部根据试验机夹头结构而定，如图 3.3.1 所示。

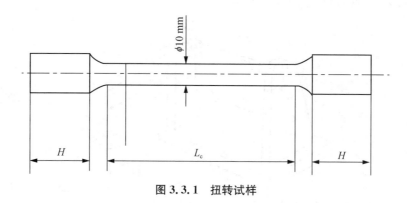

图 3.3.1　扭转试样

2. 试样直径测量

取试样标距的两端和中间共 3 个截面,每个截面在相互垂直的方向各量取一次直径,取其算术平均值为平均直径,取 3 个截面中最小的平均直径作为被测试样的原始直径。

3.3.3　实验原理

1. 电子式扭转试验机

电子式扭转试验机由主机和计算机系统所组成,其中主机由加载机架、测力单元、显示器和试验机附件等组成,如图 3.3.2 所示。

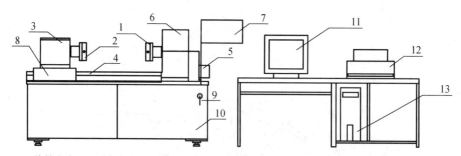

1—旋转夹头;2—固定夹头;3—扭矩传感器;4—导轨;5—电机;6—减速器;7—液晶屏;8—滑块;
9—钥匙开关;10—底座;11—计算机显示器;12—打印机;13—计算机主机

图 3.3.2　电子式扭转试验机

试样安装在旋转夹头(1)和固定夹头(2)之间,安装在导轨(4)上的加载机构,由伺服电机(5)的带动,通过减速器(6)使夹头(1)旋转,对试样施加扭矩。试验机的正反加载和停车,可按液晶屏(7)上面的标志按钮进行操作。测力单元,通过与固定夹头相连的扭矩传感器(3)输出电信号,在液晶屏(7)和计算机上同步显示,并保存于计算机。

2. JS-1 型测定剪切弹性模量实验装置

该实验装置是用来验证剪切胡克定律和测定剪切弹性模量 G 的,由两部分组成。第一部分是加力部分,结构如图 3.3.3 所示。试样(1)安装在两支座(2)之间,一端固定,一端可转动,可转动端与一臂长为 H 的水平加力杆(3)固定,加力杆另一端有砝码吊盘(5),可置砝码(4)加载荷 P,因此,试样扭矩 $T=PH$。

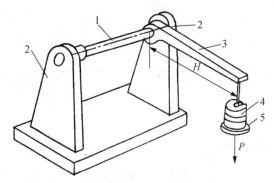

1—试件;2—支座;3—加力杆;4—砝码;5—砝码吊盘

图 3.3.3　JS-1 型测剪切弹性模量加力架

第二部分是装在试样上的千分表测扭角仪,其结构如图 3.3.4 所示。它由两个夹具 (6)、(8)和一个千分表(7)组成,两个夹具可安装在试样相距为标距 l_0 的两个截面处,并在至试样轴线距离为 h 处各伸出与试样平行的传递杆(10)、(11),两传递杆位置重叠,一杆安装固定千分表(7),一杆具有垂直千分表测杆的平面挡板(9)。测杆顶端与平面挡板保持接触,当夹具随试样相对转动 $\Delta\varphi$ 角时,两传递杆间发生 $f\Delta s = h\Delta\varphi$ 的相对位移,并被千分表测出。我们即可由千分表读数增量 Δs 和放大敏感度 $f=0.001\ \text{mm/格}$,推算出试样标距 l_0 之间的扭角增量。

$$\Delta\varphi = \frac{f\Delta s}{h} \tag{3.3.1}$$

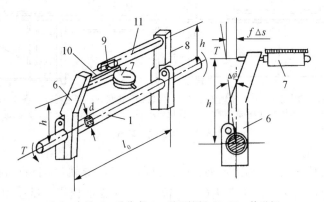

6,8—夹具;7—千分表;9—平面挡板;10,11—传递杆

图 3.3.4　千分表扭角仪结构和原理

由图 3.3.5 可看出切应变:

$$\Delta\gamma = \frac{\Delta\varphi R}{l_0} \tag{3.3.2}$$

将式(3.3.1)代入式(3.3.2),即

$$\Delta \gamma = \frac{f \Delta s R}{h l_0} = \frac{f \Delta s d}{2 h l_0} \tag{3.3.3}$$

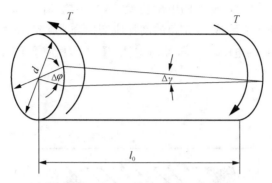

图 3.3.5　扭角 φ 与切应变 γ 的关系

3. 应变片和切应变 γ 的确定

电阻应变片可测定线应变,而切应变是不能直接测得的,但线应变可以通过理论推导转换成切应变。

当试样受扭转时,表面处单元体为纯剪切状态,其主拉应力(应变)和主压应力(应变)方向分别与试样轴线成 $+45°$ 和 $-45°$ 角,且绝对值相等。单元体如图 3.3.6 所示。

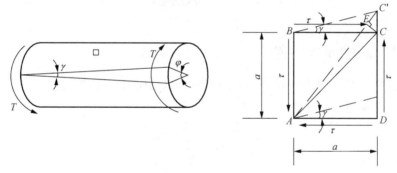

图 3.3.6　线应变 ε_1 与切应变 γ 的转换

由应变定义,对角线 AC 的线应变为

$$\varepsilon_1 = \frac{AC' - AC}{AC} = \frac{C'E}{AC} \tag{3.3.4}$$

由于 $C'E = CC' \sin 45° = CC' \dfrac{\sqrt{2}}{2}$,而 $CC' = a\gamma$,于是

$$C'E = a\gamma \frac{\sqrt{2}}{2}$$

又由于 $AC = a\sqrt{2}$,所以 $\varepsilon_1 = \dfrac{\gamma}{2}$,即

$$\gamma = 2\varepsilon_1 \qquad\qquad (3.3.5)$$

由此可见,只要测得与试样轴线成45°角方向的线应变 ε_1,就能确定试样受扭后的切应变 γ。为此,专门设计了测定切应变的电阻应变片,其结构如图 3.3.7 所示。实际上,该电阻应变片是由电阻丝与中心线成±45°角的两片应变片合成。粘贴时,应变片的中心线与试样轴线平行,两片应变片的电阻丝方向各与主拉(压)应力(应变)方向一致,以能直接测得主线应变 ε_1,ε_3。

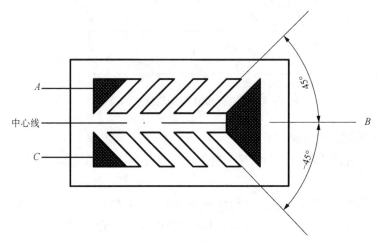

图 3.3.7　剪切应变片

3.3.4　扭转力学性能实验定义

剪切弹性模量 G(简称切变模量 G)是指剪应力(切应力)与剪应变(切应变)呈线性比例关系范围内的切应力与切应变之比:

$$G = \frac{\tau}{\gamma} \qquad\qquad (3.3.6)$$

剪切屈服极限 τ_s[简称屈服点(扭转)τ_s]是指扭转实验中,扭角增大而扭矩不增加(保持恒定)时,按弹性扭转公式计算的切应力:

$$\tau_s = \frac{T_s}{W_t} \qquad\qquad (3.3.7)$$

式中,W_t 为抗扭截面系数,$W_t = \dfrac{\pi d^3}{16}$。

剪切下屈服极限 τ_{sL}[简称下屈服点(扭转)τ_{sL}]是指以屈服阶段的最小扭矩,按弹性扭转公式计算的切应力:

$$\tau_{sL} = \frac{T_{sL}}{W_t} \qquad\qquad (3.3.8)$$

值得指出的是,扭矩下屈服极限 τ_{sL} 与拉伸下屈服极限 σ_{sL} 实验定义有所不同。拉伸时,要考虑到"初始瞬时效应"现象,即取剔除了第一次波动后的最小力值。

剪切强度极限 τ_b(简称扭转强度 τ_b)是指试样扭断前承受的最大扭矩,按弹性扭转公式计算的切应力:

$$\tau_b = \frac{T_b}{W_t} \tag{3.3.9}$$

真实剪切强度极限 τ_{tb}(简称扭转强度 τ_{tb})是指试样扭断前承受的最大扭矩,按刘德维克-卡尔曼公式计算的切应力。

如上所述,名义扭转应力如 τ_{sL},τ_b 等是按弹性扭转公式计算的,它是假设试件横截面上的切应力为线性分布,外表面最大,形心为零,这在线弹性阶段是对的,如图 3.3.8(b)所示,当超过此阶段,处于塑性扭转时,塑性变形向中心区扩展,此时,截面应力分布不再呈线性,如图 3.3.8(c),(d),(e)所示。如果仍用线弹性扭转理论计算扭转应力,严格地讲是不合理的,所以,有时要计算真实扭转应力。

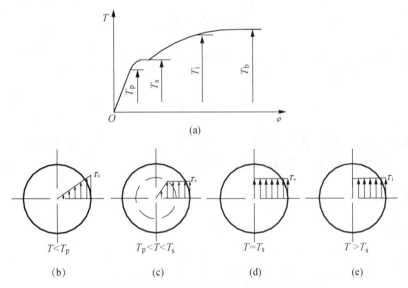

图 3.3.8 扭转试样在不同扭矩下截面应力分布

实际测定 τ_{tb} 时,可采用图解法,如图 3.3.9 所示。自动记录系统记录了某材料的 T-φ 曲线,在断裂点 K 处作该点曲线的切线,并交扭矩 T 轴于 T_B,取 K 点扭矩 T_K 和 T_B,由式 (3.3.10)计算 τ_{tb}:

$$\tau_{tb} = \frac{1}{4W_t}(4T_K - T_B) \tag{3.3.10}$$

一般情况下,低碳钢断裂点 K 处曲线为水平线,$T_B \approx T_K = T_b$,由式(3.3.10)可推得 $\tau_{tb} = \frac{3}{4} \times \frac{T_b}{W_t}$。实际上,从图 3.3.8(e)横截面的切应力分布图上看,整个截面上各点的应力

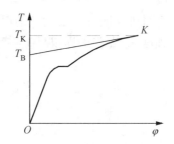

图 3.3.9 真实剪切强度极限 τ_{tb} 图解法测定

近似相同,在断裂点为 τ_{tb},用静力平衡关系同样可推出下式:

$$T_b = \int_A \tau_{tb}\rho \mathrm{d}A = \tau_{tb}\int_A \rho \mathrm{d}A = \frac{4}{3}\tau_{tb}W_t \tag{3.3.11}$$

故有

$$\tau_{tb} = \frac{3}{4} \times \frac{T_b}{W_t} \tag{3.3.12}$$

低碳钢的屈服阶段也有类似情况。真实剪切屈服极限为

$$\tau_{ts} = \frac{3}{4} \times \frac{T_s}{W_t} \tag{3.3.13}$$

对于铸铁等脆性材料,试样受扭直至破坏,其 $T\text{-}\varphi$ 线并非一直线,但可近似地看作为一直线,因此,剪切强度极限 τ_b 仍用式(3.3.9)计算。

3.3.5　实验步骤

1. 扭转破坏实验

(1) 打开扭转试验机右侧钥匙电源开关,按操作盘上"5"键,清零。

(2) 打开电脑,双击桌面"扭转机"图标,输入用户名、密码。

(3) 安装试样并加套管,用力扳紧试样,在扳紧和放松试样时请注意手的安全。

(4) 录入实验参数,按"录入"图标,点"试样组编号",按"增加"钮,输入实验参数后,按"保存"。

(5) 点击刚输入的组编号,按"增加"钮,输入试样参数。建议在试样序号栏输入"1 低碳钢,2 铸铁",机器按序号顺序实验。输完后按"保存"并退出。

(6) 开始实验,点击"试验"图标,按"联机"钮,选中要测量的参数,输入完后按"试验开始"钮。

(7) 打印结果,返回主界面后,按"分析打印"图标,选择试样组号,按"检索"钮,选中要分析的试样编号,预览并打印结果。

2. 测剪切弹性模量 G

本实验在 JS-1 剪切弹性模量实验装置上进行。加载采用分级增量法,每级增加 10 N,共加至 40 N。每加一级载荷,测读一次读数,重复进行三次。

(1) 测法测剪切弹性模量 G。

试样的相对两边,各粘贴好一片剪切应变片,方向按前述要求,每片各有两个分别承受主拉应力和主压应力的敏感栅,可与应变仪接成半桥自补偿桥路或全桥自补偿桥路。

根据试样受扭方向,判断 4 个敏感栅是受拉还是受压。当用半桥方式时,装好应变仪半桥连接片,把受拉片接入 AB,受压片接入 BC;当用全桥方式时,拆除连接片,把两个受拉片接入 AB,CD,受压片接入 BC,DA。桥路接好后,调灵敏系数,预调平衡,即可加载测读。

因为主拉应变和主压应变绝对值相等,符号相反,所以,由式(3.3.5)可推知:

半桥方式时,$\varepsilon_{ds} = 2\varepsilon_1$;

全桥方式时,$\varepsilon_{ds} = 4\varepsilon_1$。

代入式(3.3.5),则得到欲求切应变分别如下:

半桥方式时
$$\gamma = \varepsilon_{ds} \text{ 或 } \Delta\gamma = \Delta\varepsilon_{ds} \tag{3.3.14a}$$

全桥方式时
$$\gamma = \frac{\varepsilon_{ds}}{2} \text{ 或 } \Delta\gamma = \frac{\Delta\varepsilon_{ds}}{2} \tag{3.3.14b}$$

(2) 扭角仪测剪切弹性模量 G。

按前述要求装好扭角仪。先读取千分表初读数 s(或归零),然后加载,读取相应各级读数。

前面已推导过式(3.3.3),切应变增量为

$$\Delta\gamma = \frac{f\Delta sd}{2hl_0}$$

(3) 剪切弹性模量计算。

求出各级读数增量的平均值,利用式(3.3.3)和式(3.3.14)得到各级增量下的平均切应变增量 $\Delta\bar{\gamma}$,再根据试样尺寸和载荷增量,算得各级增量的切应力增量 $\Delta\tau$,最后,代入剪切胡克定律,求得剪切弹性模量 G。

3.3.6　问题讨论

(1) 扭转试件各点受力和变形并不均匀,为什么可由它验证剪应力与剪应变的线性关系?

(2) 如木材或竹材制成纤维平行于轴线的圆截面试件,受扭转时试件将如何破坏?

(3) 比较低碳钢扭转和拉伸的实验,二者试件材料破坏过程有何差异?

(4) 一根悬挂矩形梁受纯扭转荷载作用,如何测试其最大剪应力?

3.4 梁弯曲正应力实验

3.4.1 实验目的

（1）测定钢梁纯弯曲段横截面上的正应力大小及分布规律，并与理论值比较，以验证弯曲正应力公式。

（2）了解应变电测原理，学会使用静态电阻应变仪。

3.4.2 实验仪器

（1）纯弯曲梁实验装置一套。

（2）DH3818 静态电阻应变仪一台。

3.4.3 实验原理

纯弯曲梁实验装置如图 3.4.1 所示。它由弯曲梁、定位板、支座、试验机架、加载系统、两端万向接头的加载拉杆、加载压头（包括 $\phi16$ mm 的钢珠）、加载横梁、载荷传感器和测力仪等组成。该装置的弯曲梁是一根已粘贴好应变片的钢梁，其弹性模量 $E = 2.0 \times 10^5$ MPa。实验时，转动手轮加载至 P 时，钢梁的 B，C 处分别受到垂直向下的力，大小均为 $\frac{P}{2}$，由剪力图得到 BC 段剪力为零，故 BC 段梁为纯弯曲段，弯矩为 $M = \frac{Pa}{2}$，简支梁的受力图、剪力图及弯矩图如图 3.4.2 所示。

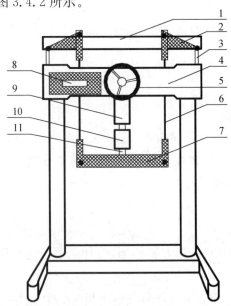

1—钢梁；2—定位板；3—支座；4—试验机架；5—加载手轮；6—拉杆；7—加载横梁；
8—测力仪；9—加载系统；10—载荷传感器；11—加载压头

图 3.4.1 纯弯曲试验装置

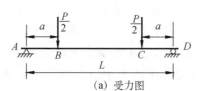

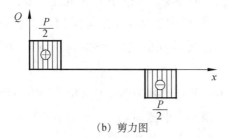

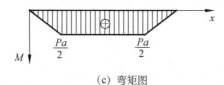

图 3.4.2 简支梁受力图、剪力图及弯矩图

由理论推导得出梁纯弯曲时横截面上的正应力公式为

$$\sigma_{理} = \frac{M}{I_z} y \tag{3.4.1}$$

式中，M 为横截面上的弯矩；I_z 为梁横截面对中性轴 z 的惯性矩；y 为需求应力的测点离中性轴的距离。

为了验证此理论公式的正确性，在梁纯弯曲段的侧面，沿不同的高度粘贴了电阻应变片，测量方向均平行于梁轴，布片方案及各片的编号如图 3.4.3 所示。当梁加载变形时，利用电阻应变仪测出各应变片的应变值，然后根据单向应力状态的胡克定律求出各点实测的应力值。

$$\sigma_{实} = E \varepsilon_{实} \tag{3.4.2}$$

式中，E 为钢梁的弹性模量；$\varepsilon_{实}$ 为电阻应变仪测量的应变值。

将测得的应力值与理论应力值进行比较，从而验证弯曲正应力公式的正确性。

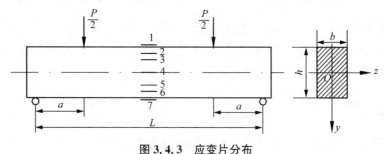

图 3.4.3 应变片分布

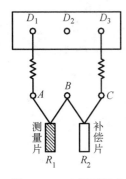

图 3.4.4　半桥测量法

由于式(3.4.1)、式(3.4.2)适用于比例极限以内,故梁的加载必须在此范围内进行。为了随时观察变形与载荷的线性关系,实验时第一次采用增量法加载,即每增加等量载荷 ΔP,测读各点的应变一次,观察各次的应变增量是否也基本相同。然后,重复加载从零至最终载荷两次,以便了解重复性如何。由于应变片是按中性层上下对称布置的,因此,在每次加载、测读应变值后,还可以分析其对称性。最后,取三次最终载荷所测得的应变平均值计算各点的应力值 $\sigma_\text{实}$。

本实验用电测法测量应变,采用半桥温度补偿接法,如图 3.4.4 所示。因是多点测量,且 7 个测量点的温度条件相同,为方便测量,7 片测量片共用一片温度补偿片,即公共补偿的办法。

3.4.4　实验步骤

1. 记录钢梁的截面尺寸

宽度 $b=20$ mm,高度 $h=40$ mm,跨度 $L=620$ mm,加载点到支座距离 $a=150$ mm。钢梁的材料为低碳钢,其弹性模量 $E=2.0\times10^5$ MPa。

2. 应变仪准备

(1) 接通 YJR-5A 型静态电阻应变仪电源,按下"开"按钮,仪器面板上显示屏点亮。

(2) 调整应变仪灵敏系数(K 值),使用 K 值不同的应变片有不同的标定值,可查阅仪器说明书附表内 K 值所对应的标定值,在测量前进行校准。

(3) 查看应变仪反面 10 点接线板,钢梁上贴有 7 片应变片(测量片)的两根引出导线依次接在 1～7 点的"AB"接线柱上,一片补偿片的两根引出导线接在 1～7 点中任意一点"BC"接线柱上作公共补偿。

(4) 要使各测量点的电桥处于平衡状态,须调整各测点的电位器。将选择开关转到"1"位置,用螺丝刀调平衡电位器"1",使指示表数字显示全为零,按此方法依次调整 2～7 点的平衡电位器。

3. 加载测量

本实验采用转动手轮加载的方法,载荷大小由与载荷传感器相连的测力仪显示。每增加载荷增量 ΔP,通过两根加载拉杆,使得钢梁距两端支座各为 a 处分别增加作用力 $\dfrac{\Delta P}{2}$。缓慢转动手轮均匀加载,每增加一级载荷,记录一次钢梁横截面上各测点的应变读数一次,观察各次的应变增量是否基本相同。然后,再重复加载从零至最终载荷两次,最后取三次最终载荷所测得的各点的应变平均值计算各点的实测应力。

3.4.5　注意事项

(1) 不得随意拉动导线或触碰钢梁上的电阻应变片。

（2）不得随意调整应变仪上的调幅电位器。

（3）为防止试件过载，手轮加载时不应超过 5 kN。

（4）实验结束后，应先卸除梁上荷载，再关闭测力仪和应变仪电源。

3.4.6 问题讨论

（1）在图 3.4.3 中，第 2，3，4，5，6 应变片粘贴位置稍移上一点或稍移下一点对测量结果有无影响？为什么？

（2）胡克定律 $\sigma = E\varepsilon$ 是在拉伸的情况下建立的吗？这里计算弯曲应力时为什么仍然可用？

（3）尺寸、加载方式完全相同的钢梁和木梁，如果与中性层等距离处纤维的应变相等，两梁相应位置的应力是否相等？载荷是否相等？

3.5 弯曲与扭转组合变形实验

3.5.1 实验目的

（1）学习用电测法测定平面应力状态下一点处主应力大小及方向的原理和方法。

（2）测定薄壁圆管在弯曲、扭转及弯扭组合变形情况下表面任一点处的主应力大小和方向。

（3）测定薄壁管某截面内由弯矩、剪力、扭矩分别引起的应变及剪切弹性模量 G。

3.5.2 实验仪器

（1）弯扭组合变形实验装置 1 套（图 3.5.1）。

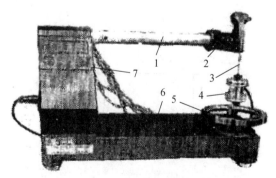

1—薄壁管；2—加力杆；3—钢索；4—传感器；
5—加载手轮；6—座体；7—数字测力仪

图 3.5.1 弯扭组合变形实验装置

（2）DH3818 型静态电阻应变仪 1 台。

实验时，逆时针转动加载手轮，逐渐收紧的钢索对加力杆施加向下的力，传感器和薄壁管均受载荷作用。传感器受载荷作用后，就有信号输给数字测力仪，此时，数字测力仪显示的数字即为作用在加力杆端的载荷值，加力杆端作用力传递至薄壁管上，薄壁管产生弯扭组合变形。薄壁管受组合变形后，粘贴其上的应变片就有应变输出，用应变仪可以检测到。

薄壁管为铝合金材料，其弹性模量为 $E = 70~\mathrm{GN/m^2}$，泊松比 $\mu = 0.33$。图 3.5.2（a），（b）分别为薄壁管受力简图和截面尺寸。本设备选取 Ⅰ—Ⅰ 截面为测试截面（也可以选取其他截面），并取 4 个被测点，分别位于如图 3.5.2(a) 所示的 A，B，C，D，在每个被测点上粘贴一枚应变花（$-45°$，$0°$，$45°$），如图 3.5.3 所示，共计 12 片应变片，供不同实验选用。该实验装置逆时针为加载，顺时针为卸载，最大载荷为 500 N，超载会损坏薄壁管和传感器。

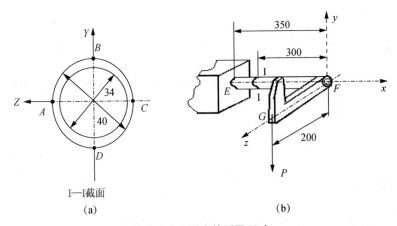

(a)　　　　　　　　　　(b)

图 3.5.2　受力简图及尺寸

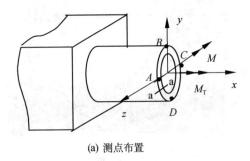

(a) 测点布置

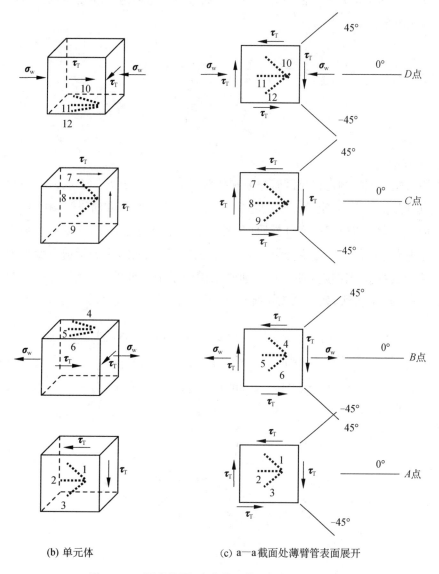

(b) 单元体　　　　　　　　　(c) a—a 截面处薄臂管表面展开

图 3.5.3　测点位置, 应力单元体及应变片粘贴位置

3.5.3　实验原理

1. 理论分析

当竖向荷载 P 作用在加力杆 G 点时, 试件 EF 发生弯曲与扭转组合变形, B, D 点所在截面的内力有弯矩 M、剪力 Q 和扭矩 M_T 如图 3.5.3(a) 所示。因此该横截面上同时存在弯曲引起的正应力 Q_w, 扭转引起的剪应力 τ_T (弯曲引起的剪应力比扭转引起的剪应力小得多, 故在此不予考虑)。根据弯矩引起的正应力和扭转引起的剪应力在该截面上的分布规律, 从 B, D 两点截取单元体, 其各面上作用的应力如图 3.5.3(b) 所示, 其中

$$\sigma_w = \frac{M}{W}, \ \tau_T = \frac{M_T}{W_T}$$

显然，B，D 两点均处于平面应力状态。根据应力状态理论，该两点的主应力大小和方向由以下两式决定：

$$\sigma_1 = \sigma_3 = \frac{\sigma_{\mathrm{w}}}{2} \pm \sqrt{\left(\frac{\sigma_{\mathrm{w}}}{2}\right)^2 + \tau_{\mathrm{T}}^2} \tag{3.5.1}$$

$$\tan 2\alpha_0 = \frac{-2\tau_{\mathrm{T}}}{\sigma_{\mathrm{w}}} \tag{3.5.2}$$

2. 测试原理

为了用实验的方法测定薄壁圆管弯曲和扭转时表面上一点处的主应力大小和方向，首先要在该点处测量应变，确定该点处的主应变 ε_1，ε_3 的数值和方向，然后利用广义胡克定律算得主应力 σ_1，σ_3。根据应变分析原理，要确定一点处的主应变，需要知道该点处沿 x，y 两个相互垂直方向的三个应变分量 ε_x，ε_y，γ_{xy}。由于在实验中测量剪应变很困难，而用电阻应变片测量线应变比较方便，所以，通常采用测量一点处沿着与轴成三个已知方向的线应变 ε_a，ε_b，ε_c 的方法，如图 3.5.4 所示，按下列方程组联立求得 ε_x，ε_y，γ_{xy}：

$$\left. \begin{aligned} \varepsilon_a &= \varepsilon_x \cos^2\alpha_a + \varepsilon_y \sin^2\alpha_a - \gamma_{xy} \sin\alpha_a \cos\alpha_a \\ \varepsilon_b &= \varepsilon_x \cos^2\alpha_b + \varepsilon_y \sin^2\alpha_b - \gamma_{xy} \sin\alpha_b \cos\alpha_b \\ \varepsilon_c &= \varepsilon_x \cos^2\alpha_c + \varepsilon_y \sin^2\alpha_c - \gamma_{xy} \sin\alpha_c \cos\alpha_c \end{aligned} \right\} \tag{3.5.3}$$

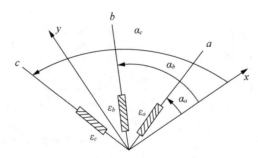

图 3.5.4　应变花粘贴位置

为了简化计算，往往采用互成特殊角度的三片应变片组成的应变花，本实验用了 45° 应变花，将其粘贴在测点 A，B，C，D 处，通过电阻应变仪就可测得这些点处沿与 x 轴成 $-45°$，$0°$，$45°$ 三个方向的线应变 $\varepsilon_{-45°}$，$\varepsilon_{0°}$，$\varepsilon_{45°}$，代入式 (3.5.3)，得应变分量分别为

$$\varepsilon_x = \varepsilon_{0°}, \quad \varepsilon_y = \varepsilon_{-45°} + \varepsilon_{45°} - \varepsilon_{0°}, \quad \gamma_{xy} = \varepsilon_{-45°} - \varepsilon_{45°} \tag{3.5.4}$$

主应变的数值为

$$\varepsilon_1 = \varepsilon_3 = \frac{\varepsilon_x + \varepsilon_y}{2} \pm \sqrt{\left(\frac{\varepsilon_x - \varepsilon_y}{2}\right)^2 + \left(\frac{\gamma_{xy}}{2}\right)^2}$$

$$= \frac{\varepsilon_{-45°} + \varepsilon_{45°}}{2} \pm \sqrt{\left[\frac{2\varepsilon_{0°} - (\varepsilon_{45°} + \varepsilon_{-45°})}{2}\right]^2 + \left(\frac{\varepsilon_{-45°} - \varepsilon_{45°}}{2}\right)^2}$$

$$(3.5.5)$$

主应变的方向为

$$\tan 2\alpha_0 = \frac{-\gamma_{xy}}{\varepsilon_x - \varepsilon_y} = \frac{\varepsilon_{45°} - \varepsilon_{-45°}}{2\varepsilon_{0°} - (\varepsilon_{-45°} + \varepsilon_{45°})} \tag{3.5.6}$$

注意：α_0 为 x 到主应变方向的夹角，以逆时针转向为正。

利用广义胡克定律可得主应力的大小为

$$\left.\begin{aligned} \sigma_1 &= \frac{E}{1-\mu^2}(\varepsilon_1 + \mu\varepsilon_3) \\ \sigma_3 &= \frac{E}{1-\mu^2}(\varepsilon_3 + \mu\varepsilon_1) \end{aligned}\right\} \tag{3.5.7}$$

$$\sigma_1 = \sigma_3 = \frac{E}{1-\mu^2}\left[\frac{1+\mu}{2}(\varepsilon_{-45°} + \varepsilon_{45°}) \pm \frac{1-\mu}{\sqrt{2}}\sqrt{(\varepsilon_{-45°} - \varepsilon_{0°})^2 + (\varepsilon_{0°} - \varepsilon_{45°})^2}\right]$$

$$(3.5.8)$$

主应力方向与主应变方向一致。

3.5.4　实验步骤

1. 接线

将测点 B，D 两组应变花的 6 个应变片的 6 对引出线按 $B_{-45°}$，$B_{0°}$，$B_{45°}$，$D_{-45°}$，$D_{0°}$，$D_{45°}$ 的顺序分别接在 YJR-5A 型静态电阻应变仪的 1，2，3，4，5，6 测点的 A，B 接线柱上；将公共补偿片接到公共的 B，C 接线柱上。

2. 预调平衡

打开静态电阻应变仪开关，检查灵敏系数的设置，然后用螺丝刀在预调平衡箱上逐点调节电阻平衡螺丝，使各测点的电桥处于平衡状态。

3. 加载测量

(1) 逆时针转动加载手轮对试件加载（数字测力仪显示的数字即为作用在加力杆端的荷载值，单位：N）分级加载，初始载荷为 0，以后每级加载 150 N，记录相应各测点的应变值，直至最大荷载为 450 N 为止。

(2) 卸载至零，逐点检查和调整电桥平衡，或记下零荷载时应变仪的初读数。再由 0 直接加载至 450 N，记录相应各测点的应变值。重复两次。

(3) 取以上 3 次 $P=450$ N 时实测应变的平均值计算 B，D 两点处主应力的大小和方向。

3.5.5 注意事项

本实验装置能承受的最大荷载为 500 N,严禁超载,否则会损坏薄壁管和传感器。

3.5.6 问题讨论

(1) 主应力测量中,应变花是否可沿任意方向粘贴?

(2) 试用测点 A, B, C, D 的 4 组应变花的 12 个应变片,来制订测试各测点的主应变与主应力值的测试方案。

3.6 压杆稳定实验

3.6.1 实验目的

(1) 观察和了解细长中心受压杆件将要丧失稳定时的现象。

(2) 用电测法测定两端铰支压杆的临界力 P_{cr},并与理论计算的结果比较。

3.6.2 实验仪器

(1) 静态电阻应变仪 1 台。

(2) 小型压杆稳定实验架 1 台(图 3.6.1)。

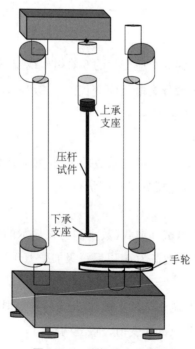

图 3.6.1 压杆稳定试验架

(3) 压杆稳定基本实验组合方式(图 3.6.2)。

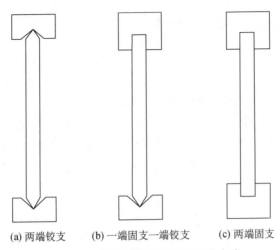

(a) 两端铰支　　(b) 一端固支一端铰支　　(c) 两端固支

图 3.6.2　压杆稳定基本实验组合方式

本实验采用矩形截面薄杆试件,材料为 65 号钢,试件尺寸为:厚度 $t=3.00$ mm,宽度 $b=20.00$ mm,长度 $L=345$ mm,弹性模量 $E=2.10\times10^5$ MPa。试件两端做成带有一定圆弧的尖端,将试件放在试验架支座的 V 形槽口中,顺时针转动加载手轮,通过一组机械传动减速装置的带动,加力横梁向上移动,试件受压,压杆受到的力由上横梁上的传感器拾取,被数字测力仪测得并显示出来。当试件发生弯曲变形时,试件的两端能自由地绕 V 形槽口转动,因此可把试件视为两端铰支压杆。在压杆长度的中间部分两个侧面沿轴线方向各贴一片电阻应变片 R_1,R_2,采用半桥温度自补偿的方法进行测量,即将应变片 R_1,R_2 各自的两个引出线分别接于电阻应变仪的 AB 和 BC 接线柱上,AD 和 DC 则用仪器内部的固定电阻,如图 3.6.3 所示。

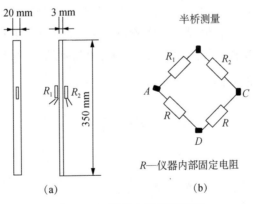

半桥测量

R—仪器内部固定电阻

(a)　　　　　　(b)

图 3.6.3　测定布置与桥路图

3.6.3 实验原理

两端铰支、中心受压的细长杆,其欧拉临界力为

$$P_{cr} = \frac{\pi E I_{min}}{L^2} \tag{3.6.1}$$

式中,L 为压杆的长度;I_{min} 为截面的最小惯性矩。

当压杆所受的荷载 P 小于试件的临界力 P_{cr} 时,中心受压的细长杆在理论上应保持直线形状,杆件处于稳定平衡状态。当 $P \geqslant P_{cr}$ 时,杆件因丧失稳定而弯曲,若以荷载 P 为纵坐标,压杆中点挠度 f 为横坐标,按小挠度理论绘出的 $P\text{-}f$ 图形即为折线 OCD,如图 3.6.4(b) 所示。

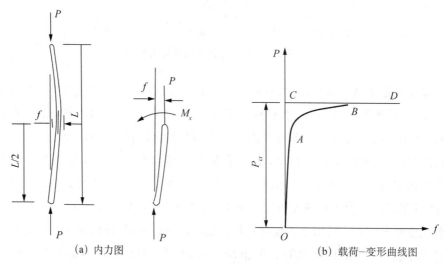

(a) 内力图　　　　　　　　　　　(b) 载荷-变形曲线图

图 3.6.4　内力图与载荷-变形曲线图

由于试件可能有初曲率,压力可能偏心,以及存在材料的不均匀等因素,实际的压杆不可能完全符合中心受压的理想情况。在实验过程中,即使压力很小时,杆件也会发生微小弯曲,中点挠度随荷载的增加而逐渐增大。若令杆件轴线为 X 坐标轴,杆件下端点为坐标轴原点,则在 $x = \dfrac{L}{2}$ 处截面上的内力 [图 3.6.4(a)] 为

$$M_{x=\frac{1}{2}} = Pf, \quad N = -P$$

横截面上的应力为

$$\sigma = -\frac{P}{A} \pm \frac{M_y}{I_{min}} \tag{3.6.2}$$

当用半桥温度自补偿的方法将电阻应变片接到静态电阻应变仪后,可消除由轴向力产生的应变读数,这样,应变仪上的读数就是测点处由弯矩 M 产生的真实应变的两倍,把应变仪读数写为 ε_{ds},把真实应变写为 ε,则 $\varepsilon_{ds} = 2\varepsilon$。杆上测点的弯曲正应力为

$$\sigma = E\varepsilon = E\frac{\varepsilon_{ds}}{2}$$

因为弯矩产生的测点处的弯曲正应力可表达为

$$\sigma = \frac{M\frac{t}{2}}{I_{min}} = \frac{Pf\frac{t}{2}}{I_{min}}$$

所以

$$\frac{Pf\frac{t}{2}}{I_{min}} = E\frac{\varepsilon_{ds}}{2}$$

即

$$f = \left(\frac{EI_{min}}{tP}\right)\varepsilon_{ds} \qquad (3.6.3)$$

由式(3.6.3)可见,在一定的荷载 P 作用下,应变仪读数 ε_{ds} 的大小反映了压杆挠度 f 的大小, ε_{ds} 越大,表示 f 越大。所以用电测法测定 P_{cr} 时,图 3.6.4(b)的横坐标 f 可用 ε_{ds} 来代替。当 P 远小于 P_{cr} 时,随荷载的增加 ε_{ds} 也增加,但增长极为缓慢(OA 段);而当 P 趋近于临界力 P_{cr} 时,虽然荷载增加量不断减小,但 ε_{ds} 却会迅速增大(AB 段),曲线 AB 是以直线 CD 为渐近线的。试件的初曲率与偏心等因素的影响越小,则曲线 OAB 越靠近折线 OCD。所以,可根据渐近线 CD 的位置确定临界荷载 P_{cr}。

3.6.4　实验方法

1. 接线

将压杆上已粘贴好的应变片按图 3.6.3(b)的组桥方式接至应变仪上。

2. 预调平衡

打开静态电阻应变仪开关,在荷载为 0 时先用螺丝刀调节第 1 测点的电阻平衡螺丝,使应变仪读数为 0。

3. 加载测量

顺时针方向旋转手轮,对压杆施加荷载,施加荷载的大小由测力仪显示。

压杆受载初始,杆件是直的,应变片只感受到压缩应变,在图 3.6.3(b)的组桥方式下,压缩应变被消除了,因此,应变仪上显示的应变几乎不增加,但随着荷载的增加,压杆逐渐变弯,应变片这时不但感受到压缩应变,同时也感受到弯曲应变,这时应变仪上显示的应变 ε_{ds} 开始增加,本实验要求采用由等量加载到非等量加载的方法,实验开始时可选用 $\Delta P = 300$ N 的荷载增量等量加载,以后随着 $\Delta\varepsilon_{ds}$ 的不断变大,我们把 ΔP 逐渐减小,分别记录相应的应变读数,到 ΔP 很小而 $\Delta\varepsilon_{ds}$ 突然变得很大时,应立即停止加载。

3.6.5　注意事项

为了保证压杆及杆上所贴电阻应变片都不受损,使试件可以反复使用,试件的弯曲变形不能过大,故本实验要求将总的应变量控制在 1 500 $\mu\varepsilon$ 以内。

3.6.6　问题讨论

（1）如已知试件尺寸：厚度 $t=3.00$ mm，宽度 $b=20.00$ mm，长度 $L=345$ mm，$E=2.10\times10^5$ MPa，试求两端铰支压杆的临界力 P_{cr}。

（2）如果在实验初期按照每增加 $\Delta P=300$ N 测读杆件中点应变值，在接近临界力时这种加载方法是否仍然可行？为什么？试根据上题算得的临界力 P_{cr} 值，并参考图 3.6.4(b) 所示的曲线特征设计一个确定临界力的加载方案。

3.7　偏心拉伸实验

3.7.1　实验目的

（1）测定偏心拉伸时的最大正应力，验证叠加原理的正确性。
（2）分别测定偏心拉伸时由拉力和弯矩所产生的应力。
（3）测定弹性模量 E。
（4）测定偏心距 e。

3.7.2　实验仪器

（1）微机控制万能试验机。
（2）静态电阻应变仪。

3.7.3　实验原理

偏心拉伸试件为低碳钢矩形截面构件，其受力及截面如图 3.7.1 所示。

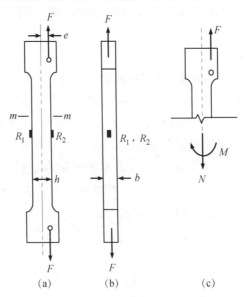

图 3.7.1　偏心拉伸试件受力及截面图

在外载荷作用下,试件任一截面内力相等,有轴力 N 和弯矩 M,其大小为:$N=F$,$M=Fe$。试件是拉伸和弯曲的组合变形,其试件的正应力 σ 如下。

在试件左侧面:

$$
\left.\begin{aligned}
\sigma' &= \frac{N}{A} - \frac{M}{W} = \frac{N}{bh} - \frac{6Fe}{bh^2} \\
\varepsilon' &= \frac{\sigma'}{E} = \frac{1}{E}\left(\frac{N}{bh} - \frac{6Fe}{bh^2}\right)
\end{aligned}\right\}
\tag{3.7.1}
$$

在试件右侧面:

$$
\left.\begin{aligned}
\sigma'' &= \frac{N}{A} + \frac{M}{W} = \frac{N}{bh} + \frac{6Fe}{bh^2} \\
\varepsilon'' &= \frac{\sigma''}{E} = \frac{1}{E}\left(\frac{N}{bh} + \frac{6Fe}{bh^2}\right)
\end{aligned}\right\}
\tag{3.7.2}
$$

试件应变片的布置方法,如图 3.7.1(a),(b)所示。R_1 和 R_2 分别为试件两侧面上的两个对称点,则可测得

$$
\left.\begin{aligned}
\varepsilon_1 &= \varepsilon' = \varepsilon_N - \varepsilon_M \\
\varepsilon_2 &= \varepsilon'' = \varepsilon_N + \varepsilon_M
\end{aligned}\right\}
\tag{3.7.3}
$$

式中,ε_N 为轴力引起的拉伸应变;ε_M 为弯矩引起的应变,则

$$
\left.\begin{aligned}
\varepsilon_N &= \frac{\varepsilon_1 + \varepsilon_2}{2} \\
\varepsilon_M &= \frac{\varepsilon_2 - \varepsilon_1}{2}
\end{aligned}\right\}
\tag{3.7.4}
$$

利用以上关系式,根据桥路原理,采用不同的组桥方式(见电测法的基本原理),即可分别测出与轴向力及弯矩有关的应变值。从而进一步求得弹性模量 E、偏心距 e、最大正应力以及分别由轴力、弯矩产生的应力。

3.7.4　实验步骤

(1) 设计好本实验所需的各类数据表格。

(2) 测量试件尺寸。

(3) 在微机控制电子万能实验机上选择偏心拉伸实验方案(分 4~6 级加载,每级加载间预留一段时间读数)。

(4) 根据实验要求,采用合适的组桥方式接线,调整好所用的仪器和设备,并启动应变仪测试软件。

(5) 正式实验,记录各级载荷时应变仪读数应变 ε,并随时检查应变仪的读数变化量 $\Delta\varepsilon$ 是否符合线性变化。实验至少重复两次。

(6) 完成全部实验内容后,卸掉载荷,关闭电源,拆线整理所用仪器、设备,清理现场,将所用仪器设备复原。数据经指导教师检查签字。

3.7.5　注意事项

（1）本实验为非破坏实验，注意不要损坏试件。

（2）施加载荷时，应保证载荷作用位置的准确。

3.7.6　数据处理及实验报告

（1）测定弹性模量 E：根据所测轴力产生的应变 ε_N，确定弹性模量 E 为

$$E = \frac{F}{bh\varepsilon_N} \tag{3.7.5}$$

（2）测定偏心距 e：将所测弯矩产生的应变 ε_M 及所求弹性模量 E 代入弯曲正应力公式后得

$$e = \frac{EW_z\varepsilon_M}{F} = \frac{Ebh^2\varepsilon_M}{6F} \tag{3.7.6}$$

（3）应力计算：将所测得的 ε_N，ε_M 及由轴力弯矩共同产生的最大正应变 ε_{max} 分别代入 $\sigma = E\varepsilon$，即可分别求得由轴力、弯矩所产生的应力和最大正应力的实验值。再根据叠加原理，计算出理论值，两者进行比较，计算出它们的相对误差。

（4）按规定格式写出实验报告。

3.7.7　问题讨论

可采用哪些不同桥路来测得 ε_N，ε_M？哪种桥路测出的误差小？为什么？

3.8　偏心压缩实验

3.8.1　实验目的

（1）测定偏心拉伸时的最大正应力，验证叠加原理的正确性。

（2）分别测定偏心拉伸时由拉力和弯矩所产生的应力。

（3）测定弹性模量 E。

（4）测定偏心距 e。

3.8.2　实验仪器

（1）微机控制电子万能试验机。

（2）静态电阻应变仪。

3.8.3　实验原理

偏心压缩试件为低碳钢薄壁构件，其受力及截面如图 3.8.1 所示。

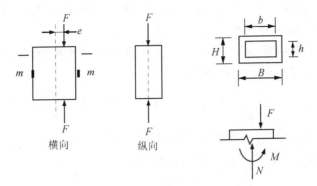

图 3.8.1　偏心压缩试件受力及截面图

在外载荷作用下,试件任一截面内力相等,有轴力 N 和弯矩 M,其大小为:$N = F$,$M = Fe$。试件是压缩和弯曲的组合变形,其试件的正应力 σ 如下。

在试件偏心外侧面:

$$\left.\begin{aligned}\sigma' &= -\frac{N}{A} + \frac{M}{W} = -\frac{N}{BH - bh} + \frac{6FeH}{BH^3 - bh^3} \\ \varepsilon' &= \frac{\sigma'}{E} = -\frac{1}{E}\left(\frac{N}{BH - bh} - \frac{6FeH}{BH^3 - bh^3}\right)\end{aligned}\right\} \quad (3.8.1)$$

在试件偏心侧面:

$$\left.\begin{aligned}\sigma'' &= -\frac{N}{A} + \frac{M}{W} = -\frac{N}{BH - bh} + \frac{6FeH}{BH^3 - bh^3} \\ \varepsilon'' &= \frac{\sigma''}{E} = -\frac{1}{E}\left(\frac{N}{BH - bh} + \frac{6FeH}{BH^3 - bh^3}\right)\end{aligned}\right\} \quad (3.8.2)$$

试件应变片的布置方法,如图 3.8.1 所示。R_1 和 R_2 分别为试件两侧面上的两个对称点,则可测得

$$\left.\begin{aligned}\varepsilon_1 &= \varepsilon' = \varepsilon_N + \varepsilon_M \\ \varepsilon_2 &= \varepsilon'' = \varepsilon_N - \varepsilon_M\end{aligned}\right\} \quad (3.8.3)$$

式中,ε_N 为轴力引起的拉伸应变;ε_M 为弯矩引起的应变。

利用以上关系式,根据桥路原理,采用不同的组桥方式(见电测法的基本原理),即可分别测出与轴向力及弯矩有关的应变值。从而进一步求得弹性模量 E、偏心距 e、最大正应力以及分别由轴力、弯矩产生的应力。

3.8.4　实验步骤

(1)设计好本实验所需的各类数据表格。

(2)测量试件尺寸。

(3)在微机控制电子万能试验机上选择偏心压缩实验方案。

(4)根据实验要求,采用合适的组桥方式接线,调整好所用的仪器和设备。

（5）正式实验，记录各级载荷时应变仪读数应变 ε，并随时检查应变仪的读数变化量 $\Delta\varepsilon$ 是否符合线性变化。实验至少重复两次。

（6）完成全部实验内容后，卸掉载荷，关闭电源，拆线整理所用仪器、设备，清理现场，将所用仪器设备复原。数据经指导教师检查签字。

3.8.5 注意事项

（1）本实验为非破坏实验，注意不要损坏试件。

（2）施加载荷时，应保证载荷作用位置的准确。

3.8.6 数据处理及实验报告

（1）测定弹性模量 E：根据所测轴力产生的应变 ε_N，确定弹性模量 E 为

$$E = \frac{F}{(BH - bh)\varepsilon_N} \tag{3.8.4}$$

（2）测定偏心距 e：将所测弯矩产生的应变 ε_M 及所求弹性模量 E 代入弯曲正应力公式后得

$$e = \frac{EW_z\varepsilon_M}{F} = \frac{E(BH^3 - bh^3)\varepsilon_M}{6FH} \tag{3.8.5}$$

（3）应力计算：将所测得的 ε_N，ε_M 及由轴力弯矩共同产生的最大正应变 ε_{max} 分别代入 $\sigma = E\varepsilon$，即可分别求得由轴力、弯矩所产生的应力和最大正应力的实验值。再根据叠加原理，计算出理论值，二者比较，计算出它们的相对误差。

（4）按规定格式写出实验报告。

3.8.7 问题讨论

可采用哪些不同桥路来测得 ε_N，ε_M？哪种桥路测出的误差小？为什么？

3.9 冲击实验

3.9.1 实验目的

（1）观察分析低碳钢和铸铁两种材料在常温冲击下的破坏情况和断口形貌，并进行比较。

（2）测定低碳钢和铸铁两种材料的冲击韧性 α_k 值。

（3）了解冲击实验方法。

3.9.2 实验仪器

（1）冲击试验机。

（2）游标卡尺。

（3）冲击试样。

3.9.3　实验原理

两物体瞬间发生运动速度急剧改变(加速度很大)而产生很大作用的现象称为冲击或撞击。如锻造机械、冲床、机车的启动或刹车等有关零部件所承受的载荷即冲击载荷。一般从材料的弹性、塑性和断裂这三个阶段来描述材料在冲击载荷作用下的破坏过程。在线弹性阶段,材料力学性能与静载下基本相同,如材料的弹性模量 E 和泊松比 μ 无变化。因为弹性变形是以声速在弹性介质中传播的,它总能跟得上外加载荷的变化步伐,所以加速度对材料的弹性行为及其相应的力学性能没有影响。塑性变形的传播比较缓慢,加载速度太大,塑性变形就来不及充分进行。另外,塑性变形相对加载速度滞后,从而导致变形抗力的提高,宏观表现为屈服点有较大的提高,而塑性下降。随着温度的降低,塑性材料由塑性向脆性转变,所以常用冲击实验来确定中低强度钢材的冷脆性转变温度。

材料的抗冲击能力用冲击韧性来表示。冲击实验的分类方法较多,从温度上分有高温、常温、低温三种;从受力形式上分有冲击拉伸、冲击扭转、冲击弯曲和冲击剪切四种;从能量上分有大能量一次冲击和小能量多次冲击等。材料力学实验中的冲击实验是指常温简支梁大能量一次冲击实验。

实验之前,需要将金属材料按照冲击实验标准加工成长方形矩形试样。由于在有缺口的情况下,随变形速度的增大,材料的韧性总是下降,所以为更好地反映材料的脆性倾向和对缺口的敏感性,通常用中心部位切成 V 形缺口或 U 形缺口的试样进行冲击实验。

冲击试验机的构造如图 3.9.1 所示。冲击试验机必须具有一个刚性较好的底座和机身,机身上安装有摆锤(冲锤)、表盘和指针等。表盘和摆锤质量根据试样承载能力的大小选择,一般备有两个规格的摆锤供实验使用。

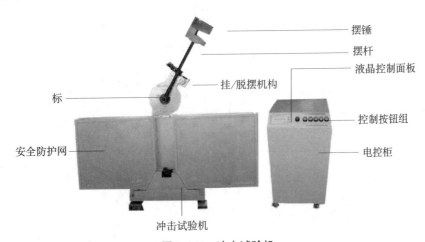

图 3.9.1　冲击试验机

实验时,用特殊工具把试样正确定位在一冲击试验机上,且缺口处在冲弯受拉边,冲击载荷作用点在缺口背面。将冲击试验机摆锤提升到一定高度,然后使冲锤自由下摆以冲断试样。从刻度盘上读出试样受冲直到断裂所吸收的能量。为避免材料不均匀和缺口的误差对冲击韧性的影响,每次实验必须连续冲断一组试样。试样受到冲击时,切口根部材料处于三向拉伸应力状态。由理论分析和实验得知,即使是很好的塑性材料,在三向拉应力作用下,也会发生脆性破坏。低碳钢这种塑性材料的冲击实验恰恰证明了这一点。在距切口根部一定距离后,逐渐呈现韧性断裂,亦称剪切断裂,韧性断口面积和脆性断口面积的比值也是衡量材料抵抗冲击能力的重要指标之一。

试样冲断后,冲击试验机记录最大能量 A_k 值。A_k 为试样被冲断所吸收的功。A_0 为试样缺口处的最小横截面积。材料的冲击韧性为

$$\alpha_k = \frac{A_k}{A_0} \tag{3.9.1}$$

$$A_k = G(H - h) \tag{3.9.2}$$

式中,α_k 值为材料的冲击韧性($N \cdot m/m^2$);A_k 为试样的冲击吸收功($N \cdot m$);A_0 为试样缺口处的初始面积(m^2);G 为摆锤重量(N);H,h 分别为摆锤冲击前后的高度(m)。

3.9.4 试样的制备

常用的标准冲击试样有两种,一种为 V 形切口试样(图 3.9.2),一种是 U 形切口试样(图 3.9.3)。具体制作可参照标准。试样开切口的目的是为了在切口附近造成应力集中,使塑性变形局限在切口附近不大的体积范围内,并保证试样一次就被冲断,使断裂就发生在切口处。α_k 对切口的形状和尺寸十分敏感,切口越深、越尖锐,α_k 值越低,材料的脆化倾向越严重。因此,同样材料用不同切口试样测定的 α_k 值不能相互取代或直接比较。铸铁、工具钢等一类的材料,由于材料很脆,很容易冲断,试样一般不开切口。

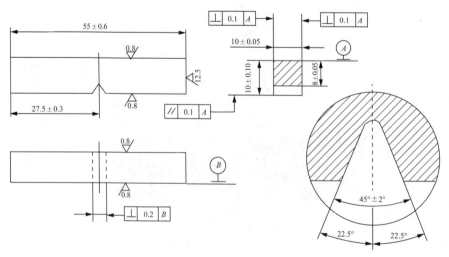

图 3.9.2 V 形试样(单位:mm)

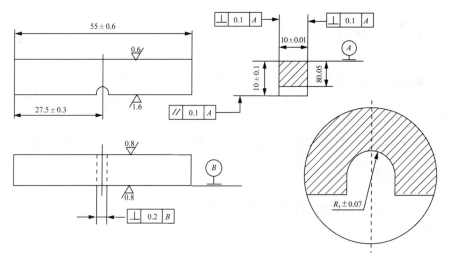

图 3.9.3　U 形试样(单位:mm)

3.9.5　实验步骤

(1) 测定试样缺口处的截面尺寸,测量三次,取平均值。

(2) 选择试验机度盘和摆锤大小。

(3) 打开电源开关,按动提升按钮,使摆杆扬起一定高度。

(4) 安装冲击试样,注意缺口居中并处于受拉边。

(5) 按动下落按钮,使摆杆自由下落,冲断试样。

(6) 冲击后,按动快停按钮,使摆杆快速停止摆动。

(7) 在度盘上记下试样 A_k 值。

(8) 观察断口形貌。

3.9.6　实验注意事项

(1) 摆杆摆动平面的两侧设置安全网,以防止试样断裂飞出伤人。

(2) 冲击时在场人员须站在摆杆摆动平面的两侧,严防迎着摆锤站立。

(3) 摆杆扬起,安放试样时,任何人不准按动摆杆下落按钮,以防摆杆下摆冲击伤人。

3.9.7　问题讨论

(1) 如何计算缺口处的横截面积?

(2) 如何画出两种材料的破坏断口草图?

(3) 如何计算材料的冲击韧性 α_k 值?

3.10　光弹性实验

3.10.1　实验目的

（1）了解光弹性实验的基本原理和方法，认识偏光弹性仪。
（2）观察模型受力时的条纹图案，识别等差线和等倾线，了解主应力差和条纹值的测量。

3.10.2　实验仪器

（1）由环氧树脂或聚碳酸酯制作的试件模型。
（2）偏光弹性仪。

3.10.3　实验原理

光弹性测试方法是光学与力学紧密结合的一种测试技术。它采用具有暂时双折射性能的透明材料，制成与构件形状几何相似的模型，使其承受与原构件相似的载荷。将此模型置于偏振光场中，模型上即显出与应力有关的干涉条纹图。通过分析计算即可得知模型内部及表面各点的应力大小和方向。再依照模型相似原理就可以换算成真实构件上的应力。光弹性测试方法的特点是：直观性强，可靠性高，能直接观察到构件的全场应力分布情况。特别是对于解决复杂构件、复杂载荷下的应力测量问题，确定构件的应力集中部位，以及测量应力集中系数等问题，光弹性法测试方法更显得有效。

1. 明场和暗场

由光源 S、起偏镜 P 和检偏镜 A 就可组成一个简单的平面偏振光场。起偏镜 P 和检偏镜 A 均为偏振片，各有一个偏振轴（简称为 P 轴和 A 轴）。如果 P 轴与 A 轴平行，由起偏镜 P 产生的偏振光可以全部通过检偏镜 A，将形成一个全亮的光场，简称为亮场，如图 3.10.1(a)所示。如果 P 轴与 A 轴垂直，由起偏镜 P 产生的偏振光全部不能通过检偏镜 A，将形成一个全暗的光场，简称为暗场，如图 3.10.1(b)所示。亮场和暗场是光弹性测试中的基本光场。

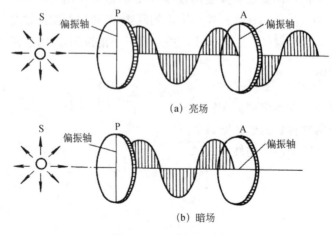

(a) 亮场

(b) 暗场

图 3.10.1　亮场和暗场

2. 应力-光学定律

当由光弹性材料制成的模型放在偏振光场中时,如模型不受力,光线通过模型后将不发生改变;如模型受力,将产生暂时双折射现象,即入射光线通过模型后将沿两个主应力方向分解为两束相互垂直的偏振光,如图 3.10.2 所示,这两束光射出模型后将产生一光程差 δ。实验证明,光程差 δ 与主应力差值 $(\sigma_1 - \sigma_2)$ 和模型厚度 t 成正比,即

$$\delta = Ct(\sigma_1 - \sigma_2) \tag{3.10.1}$$

式中,C 为模型材料的光学常数,与材料和光波波长有关。式(3.10.1)称为应力-光学定律,是光弹性实验的基础。两束光通过检偏镜后将合成在一个平面振动,形成干涉条纹。如果光源用白色光,看到的是彩色干涉条纹;如果光源用单色光,看到的是明暗相间的干涉条纹。

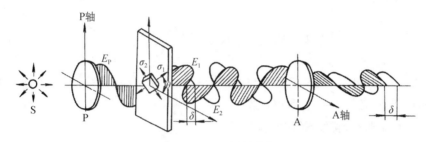

图 3.10.2　双折射现象

3. 等倾线和等差线

从光源发出的单色光经起偏镜 P 后成为平面偏振光,其波动方程为

$$E_P = a \sin \omega t \tag{3.10.2}$$

式中,a 为振幅;t 为时间;ω 为光波角速度。

E_P 传播到受力模型上后被分解为沿两个主应力方向振动的两束平面偏振光 E_1 和 E_2,如图 3.10.2 所示。设 θ 为主应力 σ_1 与 A 轴的夹角,这两束平面偏振光的振幅分别为

$$a_1 = a \sin \theta, \ a_2 = a \cos \theta \tag{3.10.3}$$

一般情况下,主应力 $\sigma_1 \neq \sigma_2$,故 E_1 和 E_2 会有一个角程差

$$\varphi = \frac{2\pi}{\lambda} \delta \tag{3.10.4}$$

假如沿 σ_2 的偏振光比沿 σ_1 的慢,则两束偏振光的振动方程是

$$E_1 = a \sin \theta \sin \omega t \tag{3.10.5}$$

$$E_2 = a \cos \theta \sin (\omega t - \varphi) \tag{3.10.6}$$

当上述两束偏振光再经过检偏镜 A 时,都只有平行于 A 轴的分量才可以通过,这两个分量在同一平面内,合成后的振动方程是

$$E = a \sin 2\theta \sin \frac{\varphi}{2} \cos\left(\omega t - \frac{\varphi}{2}\right) \tag{3.10.7}$$

式中，E 仍为一个平面偏振光，其振幅为

$$A_0 = a \sin 2\theta \sin \frac{\varphi}{2} \tag{3.10.8}$$

根据光学原理，偏振光的强度与振幅 A_0 的平方成正比，即

$$I = K a^2 \sin^2 2\theta \sin^2 \frac{\varphi}{2} \tag{3.10.9}$$

式中，K 为光学常数。把式(3.10.1)和式(3.10.4)代入式(3.10.9)可得

$$I = K a^2 \sin^2 2\theta \sin^2 \frac{\pi C t (\sigma_1 - \sigma_2)}{\lambda} \tag{3.10.10}$$

由式(3.10.10)可以看出，光强 I 与主应力的方向和主应力差有关。为使两束光波发生干涉，相互抵消，必须 $I = 0$。所以：

(1) $a = 0$，即没有光源，不符合实际。

(2) $\sin 2\theta = 0$，则 $\theta = 0°$ 或 $90°$，即模型中某一点的主应力 σ_1 方向与 A 轴平行(或垂直)时，在屏幕上形成暗点。众多这样的点将形成暗条纹，这样的条纹称为等倾线。在保持 P 轴和 A 轴垂直的情况下，同步旋转起偏镜 P 与检偏镜 A 任一个角度 α，就可得到 α 角度下的等倾线。

(3) 由式(3.10.10)可知：

$$\sigma_1 - \sigma_2 = \frac{n\lambda}{Ct} = n \frac{f_\sigma}{t} \qquad (n = 0, 1, 2, \cdots) \tag{3.10.11}$$

式中，f_σ 称为模型材料的条纹值。满足式(3.10.11)的众多点也将形成暗条纹，该条纹上各点的主应力之差相同，故称这样的暗条纹为等差线。随着 n 的取值不同，可以分为 0 级等差线、1 级等差线和 2 级等差线。

综上所述，等倾线给出模型上各点主应力的方向，而等差线可以确定模型上各点主应力的差 $(\sigma_1 - \sigma_2)$。但对于单色光源而言，等倾线和等差线均为暗条纹，难免相互混淆。为此，在起偏镜后面和检偏镜前面分别加入 1/4 波片 Q_1 和 Q_2(图 3.10.3)，得到一个圆偏振光场，最后在屏幕上便只出现等差线而无等倾线。有关圆偏振光场，这里不作详述，读者可参阅有关专著。

3.10.4 演示实验

1. 用对径受压圆盘测材料的条纹值

对于图 3.10.4(a)所示的对径受压圆盘，由弹性力学可知，圆心处的主应力为

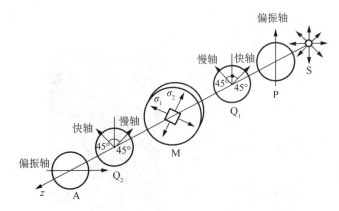

图 3.10.3　在起偏镜后面和检偏镜前面分别加入 $\frac{1}{4}$ 波片 Q_1 和 Q_2

$$\sigma_1 = \frac{2F}{\pi Dt}, \ \sigma_2 = -\frac{6F}{\pi Dt} \tag{3.10.13}$$

代入光弹性基本方程式(3.10.12)可得模型材料条纹值为

$$f_\sigma = \frac{t(\sigma_1 - \sigma_2)}{n} = \frac{8F}{\pi Dn} \tag{3.10.14}$$

对应于一定的外载荷 F,只要测出圆心处的等差线条纹级数 n,即可求出模型材料的条纹值 f_σ。实验时,为了较准确地测出条纹值,可适当调整载荷大小,使圆心处的条纹正好是整数级。

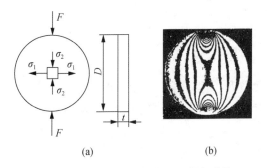

图 3.10.4　对径受压圆盘测材料条纹值

2. 含有中心圆孔薄板的应力集中观察

图 3.10.5 为含有中心圆孔薄板受拉时的情形。

孔的存在,使得孔边产生应力集中。孔边 A 点的理论应力集中因数为

$$K_t = \frac{\sigma_{\max}}{\sigma_m} \tag{3.10.15}$$

式中,σ_m 为 A 点所在横截面的平均应力,即

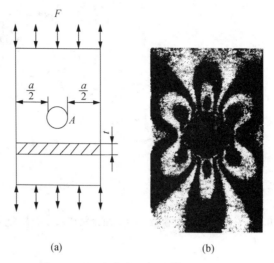

图 3.10.5 含有中心圆孔薄板受拉应力

$$\sigma_{\mathrm{m}} = \frac{F}{at} \tag{3.10.16}$$

$\sigma_{\min}$ 为 A 点的最大应力。因为 A 点为单向应力状态，$\sigma_1 = \sigma_{\max}$，$\sigma_2 = 0$，由式(3.10.14)可得

$$\sigma_{\max} = \frac{nf_{\sigma}}{t} \tag{3.10.17}$$

因此

$$K_{\mathrm{t}} = \frac{nf_{\sigma} \cdot a}{F} \tag{3.10.18}$$

实验时，调整载荷大小 F，使得通过 A 点的等差线恰好为整数级 n，再将预先测好的材料条纹值 f_{σ} 代入式(3.10.18)，即可获得理论应力集中因数 K_{t}。

3.10.5 实验步骤

(1)仪器准备：首先保证设备工作台的各部件完整、牢靠；稳定开启光源箱的点光束，保证光源；偏振片、1/4 波片和场镜、成像的中心在一条轴线上。

(2)起偏镜、检偏镜的调整。

(3)同步操纵箱用来调整两偏振器的角度。

(4)传感器的调整：在加力架上有个固定数字式载荷显示仪，接通电源，把开关置于"测力"位置，转动"预调"旋钮，置载荷初读数为 0，再将开关置于"标定"位置，用小改锥调节，使读数选定在规定的标定值即可。重复 2～3 遍后，把开关置于"测力"位置，就可以进行加载。

(5)加力架的调整：模型选定好后，调整架子的空间位置，由于加力架为机械传递，配合误差较大，因此注意调整和对中。

（6）相机的准备：松开滑道上紧轮，调整相机位置及最佳投影效果。

（7）完成拍摄过程：在选定时曝光时间后，开启"开""闭""定时"等过程。

3.10.6　问题讨论

（1）实验的过程中，需要注意哪些问题？

（2）如何观察模型的等倾线和等差线图案及其变化规律？

3.11　残余应力测试实验

目前在焊接件和铸件上应用较多的残余应力测量方法是盲孔法。盲孔法就是在工件上钻一小通孔或不通孔，使被测点的应力得到释放，并由事先贴在孔周围的应变计测得释放的应变量，再根据弹性力学原理计算出残余应力来。钻孔的直径和深度都不大，不会影响被测构件的正常使用，并且这种方法具有较高的精度，因此它已成为应用比较广泛的方法。

3.11.1　实验目的

（1）用盲孔法测量焊接件和铸件上残余应力的大小及分布规律。

（2）掌握盲孔法原理，掌握打孔装置及电阻应变仪的使用方法。

3.11.2　实验仪器

（1）打孔实验装置。

（2）铸造试件或焊接件。

（3）静态电阻应变仪。

（4）电阻应变片。

3.11.3　实验原理

当残余应力沿厚度方向的分布比较均匀时，可采用一次钻孔法测量残余应力的量值。

用图 3.11.1 表示被测点 O 附近的应力状态：σ_1 和 σ_2 为 O 点的残余主应力。在距被测点半径为 r 的 P 点处，σ_r 和 σ_t 分别表示钻孔释放径向应力和切向应力。并且 σ_r 和 σ_1 的夹角为 φ。

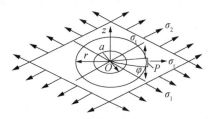

图 3.11.1　被测点附近的应力状态

根据弹性力学原理可得 P 点的原有残余应力 σ_r 和 σ_t 与残余主应力 σ_1 和 σ_2 的关系为

$$\left.\begin{array}{l} \sigma'_r = \dfrac{\sigma_1 + \sigma_2}{2} + \dfrac{\sigma_1 - \sigma_2}{2}\cos 2\varphi \\[3mm] \sigma'_t = \dfrac{\sigma_1 + \sigma_2}{2} - \dfrac{\sigma_1 - \sigma_2}{2}\cos 2\varphi \end{array}\right\} \tag{3.11.1}$$

钻孔法测残余应力时,要在被测点 O 处钻一半径为 a 的小孔以释放应力。由弹性力学可知,钻孔后 P 点处的应力 σ_r 和 σ_t 见式(3.11.2)。

$$\left.\begin{array}{l} \sigma'_r = \dfrac{\sigma_1 + \sigma_2}{2}\left(1 - \dfrac{a^2}{r^2}\right) + \dfrac{\sigma_1 - \sigma_2}{2}\left(1 + \dfrac{3a^4}{r^4} - \dfrac{4a^2}{r^2}\right)\cos 2\varphi \\[3mm] \sigma'_t = \dfrac{\sigma_1 + \sigma_2}{2}\left(1 + \dfrac{a^2}{r^2}\right) - \dfrac{\sigma_1 - \sigma_2}{2}\left(1 + \dfrac{3a^4}{r^4}\right)\cos 2\varphi \end{array}\right\} \tag{3.11.2}$$

钻孔后,P 点应力释放量为

$$\left.\begin{array}{l} \sigma_r = \sigma''_r - \sigma'_r \\[2mm] \sigma_t = \sigma''_t - \sigma'_t \end{array}\right\} \tag{3.11.3}$$

将式(3.11.1)和式(3.11.2)代入式(3.11.3),得

$$\left.\begin{array}{l} \sigma_r = -\dfrac{a^2}{2r^2}(\sigma_1 + \sigma_2) + \left(\dfrac{3}{2} \times \dfrac{a^4}{r^4} - \dfrac{2a^2}{r^2}\right)(\sigma_1 - \sigma_2)\cos 2\varphi \\[3mm] \sigma_t = -\dfrac{a^2}{2r^2}(\sigma_1 + \sigma_2) - \dfrac{3}{2} \times \dfrac{a^4}{r^4} - (\sigma_1 - \sigma_2)\cos 2\varphi \end{array}\right\} \tag{3.11.4}$$

式(3.11.4)中表明了 P 点的应力变化与测点 O 处的残余应力 σ_1 和 σ_2 之间的对应关系。实际测量时是在 P 点贴应变计,并在 P 点钻孔从而测得释放应变 ε_r,且有 $\varepsilon_r = \dfrac{1}{E}(\sigma_r - \mu\sigma_t)$,将式(3.11.4)代入上式即可得出 P 点处径向应变 ε_r 与残余应力 σ_1 和 σ_2 之间的关系式:

$$\varepsilon_r = -\frac{1+\mu}{E} \times \frac{a^2}{2r^2}(\sigma_1 + \sigma_2) + \frac{1}{E}\left[\frac{3}{2} \times \frac{a^4}{r^4}(1-\mu) - \frac{2a^2}{r^2}\right](\sigma_1 - \sigma_2)\cos 2\varphi \tag{3.11.5}$$

但因应变片的长度为 $L = r_2 - r_1$,所测应变 ε_r 是 L 内的平均应变值,即

$$\varepsilon_{rm} = \frac{1}{r_2 - r_1}\int_{r_1}^{r_2}\varepsilon_r\,\mathrm{d}r \tag{3.11.6}$$

将式(3.11.5)代入式(3.11.6),积分可得

$$\varepsilon_{rm} = -\frac{1+\mu}{E} \times \frac{a^2}{2r_1 r_2}(\sigma_1 + \sigma_2) + \frac{2a^2}{Er_1 r_2}\left[\frac{(1+\mu)a^2(r_1^2 + r_1 r_2 + r_2^2)}{4r_1^2 r_2^2} - 1\right](\sigma_1 - \sigma_2)\cos 2\varphi \tag{3.11.7}$$

令
$$A=-\frac{(1+\mu)a^2}{2r_1r_2},\ B=\frac{2a^2}{r_1r_2}\left[\frac{(1+\mu)a^2(r_1^2+r_1r_2+r_2^2)}{4r_1^2r_2^2}-1\right]$$

则式(3.11.7)可简化为

$$\varepsilon_{rm}=\frac{A}{E}(\sigma_1+\sigma_2)+\frac{B}{E}(\sigma_1-\sigma_2)\cos2\varphi \tag{3.11.8}$$

一般情况下，主应力方向是未知的，式(3.11.8)中含有三个未知数 σ_1，σ_2 和 φ。如果在与主应力成任意角的 φ_1，φ_2，φ_3 三个方向上贴应变片，由式(3.11.8)可得三个方程，即可求出 σ_1，σ_2 和 φ。为了计算方便，三个应变片之间的夹角采用标准角度，如 φ，$\varphi+45°$，$\varphi+90°$，这样测得的三个应变分别为 $\varepsilon_{0°}$，$\varepsilon_{45°}$ 和 $\varepsilon_{90°}$，即

$$\left.\begin{aligned}\varepsilon_{0°}&=\frac{A_{0°}}{E}(\sigma_1+\sigma_2)+\frac{B_{0°}}{E}(\sigma_1-\sigma_2)\cos2\varphi\\\varepsilon_{45°}&=\frac{A_{45°}}{E}(\sigma_1+\sigma_2)+\frac{B_{45°}}{E}(\sigma_1-\sigma_2)\cos2\varphi\\\varepsilon_{90°}&=\frac{A_{90°}}{E}(\sigma_1+\sigma_2)+\frac{B_{90°}}{E}(\sigma_1-\sigma_2)\cos2\varphi\end{aligned}\right\} \tag{3.11.9}$$

如果三个应变片都准确地贴在同一圆周上，则有
$$A_{0°}=A_{45°}=A_{90°}=A$$
$$B_{0°}=B_{45°}=B_{90°}=B$$

对式(3.11.9)联立求解，得

$$\left.\begin{aligned}\sigma_{1,2}&=\frac{E}{4A}(\varepsilon_{0°}+\varepsilon_{90°})\pm\frac{\sqrt2E}{4B}\sqrt{(\varepsilon_{0°}-\varepsilon_{45°})^2+(\varepsilon_{90°}-\varepsilon_{45°})^2}\\\tan2\varphi&=\frac{\varepsilon_{0°}+\varepsilon_{90°}-2\varepsilon_{45°}}{\varepsilon_{0°}-\varepsilon_{90°}}\end{aligned}\right\} \tag{3.11.10}$$

在有些情况下，公式(3.11.10)将会有所变化：

(1) 如果被测点的残余应力是单向应力状态，只要在应力方向上贴一应变片，钻孔后即可测出应变 $\varepsilon_{0°}$，把 $\varphi=0$，$\sigma_2=0$ 代入式(3.11.9)得

$$\sigma_1=E\frac{\varepsilon}{A+B}$$

(2) 如果残余应力 σ_1 和 σ_2 的方向已知，则可沿两个主应力方向贴一应变片，此时 $\varphi=0°$ 和 $\varphi=90°$。则由式(3.11.9)可得

$$\varepsilon_1=\frac{A}{E}(\sigma_1+\sigma_2)+\frac{B}{E}(\sigma_1-\sigma_2)$$

$$\varepsilon_2=\frac{A}{E}(\sigma_1+\sigma_2)-\frac{B}{E}(\sigma_1-\sigma_2)$$

解以上两个方程,得

$$\sigma_{1,2} = \frac{E}{4}\left[\frac{1}{A}(\varepsilon_1 + \varepsilon_2) \pm \frac{1}{B}(\varepsilon_1 - \varepsilon_2)\right] \qquad (3.11.11)$$

(3) 主应力方向未知的平面应力场中,有时也使用三轴 60°的应变花来测量。可以由式(3.11.12)计算残余应力及方向:

$$\left. \begin{aligned} \sigma_{1,2} &= \frac{E}{6A}(\varepsilon_{0°} + \varepsilon_{-60°} + \varepsilon_{60°}) \pm \frac{E}{2B}\sqrt{\frac{1}{3}(\varepsilon_{0°} - \varepsilon_{-60°})^2 + \left(\varepsilon_{0°} - \frac{\varepsilon_{0°} + \varepsilon_{-60°} + \varepsilon_{60°}}{3}\right)^2} \\ \tan 2\varphi &= \frac{1}{\sqrt{3}}\frac{\varepsilon_{60°} - \varepsilon_{-60°}}{\varepsilon_{0°} - \frac{1}{3}(\varepsilon_{0°} + \varepsilon_{-60°} + \varepsilon_{60°})} \end{aligned} \right\}$$

$$(3.11.12)$$

公式(3.11.10)是通过弹性力学理论推导而来的,式中 A, B 值是通过计算得到的。因此上述方法被称作理论公式法。还有一种方法就是通过在拉伸试件上标定释放应变与应力的比例系数后,再计算残余应力,这种方法称作实验标定法。

如图 3.11.2 所示,在距孔心 r 处贴片。为消除边缘效应的影响,取宽度 b 大于 $(4{\sim}5)a$ 的试件。在材料试验机上将设有钻孔的试件逐级加载,计算出试件的应力 σ,测出各级荷载下的应变 ε_1' 和 ε_2'。然后取下试件用专用设备在试件指定部位上钻孔后,再重新拉伸,并测出钻孔后的应变值 ε_1'' 和 ε_2''。

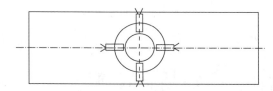

图 3.11.2　标定试件贴片图

将两种情况下同一级荷载产生的应变差求出后可发现,钻孔前后的应变差与应力成正比,即

$$\begin{cases} \varepsilon_1''' = K_1 \dfrac{\sigma}{E} \\[2mm] \varepsilon_2''' = K_2 \dfrac{\sigma}{E} \end{cases} \qquad (3.11.13)$$

由式(3.11.13)可得

$$K_1 = E\frac{\varepsilon_1'''}{\sigma}$$

$$K_2 = E\frac{\varepsilon_2'''}{\sigma} \qquad (3.11.14)$$

式中,K_1, K_2 为比例系数;ε_1''',ε_2''' 是钻孔前后同一级荷载下的应变差。测试时可沿残余应

力方向各贴一片应变片。位置及钻孔直径与试件相同,钻孔后测得释放应变为 ε_1 和 ε_2,根据叠加原理有

$$\left.\begin{aligned} \varepsilon_1 &= K_1\frac{\sigma_1}{E} - \mu K_1\frac{\sigma_2}{E} \\ \varepsilon_2 &= K_2\frac{\sigma_2}{E} - \mu K_2\frac{\sigma_1}{E} \end{aligned}\right\} \tag{3.11.15}$$

由式(3.11.15)可得

$$\left.\begin{aligned} \sigma_1 &= \frac{E}{K_1^2 - \mu^2 K_2^2}(K_1\varepsilon_1 + \mu K_2\varepsilon_2) \\ \sigma_2 &= \frac{E}{K_1^2 - \mu^2 K_2^2}(K_1\varepsilon_2 + \mu K_2\varepsilon_1) \end{aligned}\right\} \tag{3.11.16}$$

如果令

$$\left.\begin{aligned} K_1 &= A' + B' \\ -\mu K_2 &= A' - B' \end{aligned}\right\} \tag{3.11.17}$$

将式(3.11.17)代入式(3.11.15)可得到

$$\left.\begin{aligned} \varepsilon_1 &= \frac{1}{E}\left[(A'+B')\sigma_1 + (A'-B')\sigma_2\right] \\ \varepsilon_2 &= \frac{1}{E}\left[(A'+B')\sigma_2 + (A'-B')\sigma_1\right] \end{aligned}\right\} \tag{3.11.18}$$

由式(3.11.18)可得到残余应力的主应力为

$$\sigma_{1,2} = \frac{E}{4}\left[\frac{1}{A'}(\varepsilon_1 + \varepsilon_2) \pm \frac{1}{B'}(\varepsilon_1 - \varepsilon_2)\right] \tag{3.11.19}$$

式(3.11.19)与式(3.11.11)具有完全相同的形式,这说明标定法得到的 A',B' 相当于理论公式中的 A,B,因此只要通过标定法测得 A' 和 B' 后代入公式(3.11.10)中,即可得到主应力方向未知测点的残余应力 σ_1 和 σ_2 及其夹角 φ 的数值。

当构件中的残余应力沿厚度分布不均匀时,可采用分层钻孔法求得各深度的残余应力。其方法是:等深度地逐层钻孔测定每次的应力释放量。如果已知主应力的方向,则有

$$\left.\begin{aligned} \sigma_1^i &= \frac{E}{(K_1^i)^2 - \mu^2(K_2^i)^2}(K_1^i\Delta\varepsilon_1^i + \mu K_2^i\Delta\varepsilon_2^i) \\ \sigma_2^i &= \frac{E}{(K_1^i)^2 - \mu^2(K_2^i)^2}(K_1^i\Delta\varepsilon_2^i + \mu K_2^i\Delta\varepsilon_1^i) \end{aligned}\right\} \tag{3.11.20}$$

式中,σ_1^i,σ_2^i 为第 i 层的残余应力值;K_1^i,K_2^i 为第 i 层标定的比例系数;$\Delta\varepsilon_1^i$,$\Delta\varepsilon_2^i$ 为第 i 层钻孔时应变片释放的应变量值。

标定试件材料及厚度必须与被测件相同。如果被测件厚度很厚,试件厚度只取 50 mm 即可。如果被测点主应力方向未知则可利用公式(3.11.21)来进行计算:

$$
\left.\begin{array}{l}
\sigma_{1,2}^{i} = \dfrac{E}{4A^{i}}(\varepsilon_{0°}^{i} + \varepsilon_{90°}^{i}) \pm \dfrac{\sqrt{2}E}{4B^{i}}\sqrt{(\varepsilon_{0°}^{i} - \varepsilon_{45°}^{i})^{2} + (\varepsilon_{90°}^{i} - \varepsilon_{45°}^{i})^{2}} \\[3mm]
\tan 2\varphi = \dfrac{\varepsilon_{0°}^{i} + \varepsilon_{90°}^{i} - 2\varepsilon_{45°}^{i}}{\varepsilon_{0°}^{i} - \varepsilon_{90°}^{i}}
\end{array}\right\}
\tag{3.11.21}
$$

式中，$\sigma_{1,2}^{i}$ 为第 i 层的残余应力值；$\varepsilon_{0°}^{i}$，$\varepsilon_{45°}^{i}$，$\varepsilon_{90°}^{i}$ 分别为第 i 层钻孔时 $0°$，$45°$，$90°$ 三个方向的应变测量值；A^{i}，B^{i} 是通过标定得到 K_{1}^{i}，K_{2}^{i} 后由公式(3.11.17)计算出来的第 i 层的值。

孔只能使残余应力局部释放，因此应变计所测出的释放应变值很小，必须采用高精度的应变计。为了不断提高测量精度，还必须十分注意产生误差的各种因素，其中最主要的是钻孔设备的精度和钻孔技术，还有应变测试误差。一般来说钻孔深度 $h \geqslant 2a$ 即可。

3.11.4　钻孔设备及钻孔要求

钻孔设备的结构应该简单，便于携带，易于固定在构件上，同时要求对中方便，钻孔深度易于控制，并能适应在各种曲面上工作。图3.11.3为小孔钻的结构图，这种钻具能较好地实现上述要求，借助4个可调节 X，Y 方向的位置和上、下位置，以保持钻孔垂直于工件表面，用万向节与可调速手电钻连接以施行钻孔。

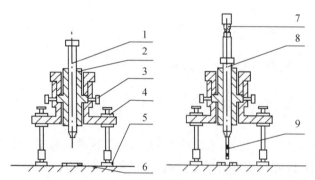

1—放大镜；2—套筒；3—X，Y 方向调整螺丝；4—支架高度调整螺母；
5—黏结垫；6—应变花；7—万向节；8—钻杆；9—钻头

图 3.11.3　钻具示意

钻孔的技术要求：

(1) 被测表面的处理要符合应变测量的技术要求，应变花应用502胶水准确地粘贴在测点位置上，并用胶带覆盖好丝栅，防止铁屑破坏丝栅。

(2) 钻孔时要保证钻杆与测量表面垂直，钻孔中心偏差应控制在 ± 0.025 mm 以内。

(3) 钻孔时要稳，机座不能抖动。钻孔速度要低，钻孔速度快易导致应变片的温度漂移，孔周切削应变增大使测量不稳定。为消除切削应变的影响，可先采用小钻头钻孔然后再用铣刀洗孔。

3.11.5　实验步骤

（1）清理测试试件测点表面,粘贴电阻应变片,焊接引线。

（2）实验采用多点半桥公共补偿测量法,将三个应变测量片和公共温度补偿片分别接到仪器上。

（3）布置打孔装置,利用放大镜使打孔装置中心与电阻应变片中心垂直对中,用502胶水固定打孔装置的三个支撑脚。等胶水固化后,再进行微调,保证钻杆与测量表面垂直。

（4）先用装有 $\phi1$ mm 钻头的钻杆钻孔,速度为高速,深度为 2 mm;再更换装有 $\phi1.5$ mm 钻头的钻杆钻孔,速度为低速,深度为 2 mm。结束后吹去铁屑。

（5）等 5~10 min 后测读一次各点的应变 ε,并记录下来。

（6）其他测点测试重复上述步骤。

（7）实验结束,卸载。关闭应变仪,清理现场。

3.11.6　实验报告要求

绘出所测构件的测试布置简图,写出测试过程及测试结果,对所测不同状态构件的残余应力水平作出总结,并结合工程实际,提出自己的看法。

3.12　组合结构应力测试实验

3.12.1　实验目的

（1）学习多点测试的基本原理和方法。

（2）掌握结构的应变测试原理。

3.12.2　实验仪器

（1）微机控制电子万能试验机。

（2）静态电阻应变仪。

（3）桁架模型。

3.12.3　实验原理

结构是由构件按照一定方式组成的承受荷载的体系,从几何角度看,结构可分为三类:杆件结构、板壳结构、实体结构。在本实验中,采用平面框架模型作为测试对象,它是由许多杆件按一定规律,通过节点连接而成的平面桁架结构,属于平面杆件结构的一种。

试件加载方式设计了两种,其受力简图如图 3.12.1 所示。

选择部分杆件贴片,弦杆上下对称选三个截面贴片,腹杆左右对称选三个截面贴片,其贴片方式如图 3.12.2 所示。

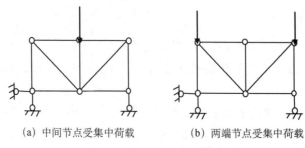

(a) 中间节点受集中荷载   (b) 两端节点受集中荷载

图 3.12.1　试件受力简图

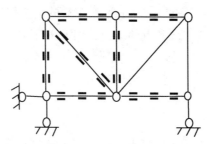

图 3.12.2　贴片布置方式

3.12.4　实验步骤及注意事项

(1) 设计加载方案,输入微机控制电子万能试验机。

(2) 测量结构尺寸。

(3) 将各点导线按测试要求设计桥路,接入电阻应变仪,调试各点,准备测试。

(4) 选取不同点加载,测得各点 ε_N, ε_M,然后由计算公式求得各截面轴力和弯矩。

3.12.5　数据整理和实验报告

(1) 计算各截面轴力的实验值:

$$F_N = EA \cdot \varepsilon_N \tag{3.12.1}$$

(2) 计算各截面弯矩的实验值:

$$F_M = EW_z \cdot \varepsilon_M \tag{3.12.2}$$

(3) 按规定格式写出实验报告。

3.12.6　问题讨论

(1) 在桁架模型测试中,为什么有些杆件产生拉应变? 有些杆件产生压应变?

(2) 桁架在不同结点加载会对各杆件应变产生哪些影响?

(3) 支座形式发生变化会对桁架应力分布产生哪些影响?

(4) 如何考虑桁架结构的稳定问题?

附　　录

附录 A　测量误差分析与实验数据处理

我们进行实验与测量的目的,是研究结构与构件在外力或温度等条件改变时所引起的各物理量的变化,借以认识结构与构件的性质、强度与刚度,以便对它们进行改造。而误差常常会使人们产生错觉。要想正确地了解结构与构件的强度与刚度,就必须分析实验测量时产生误差的原因和性质,正确处理数据,以消除或减小误差,求出测定的最佳值,舍弃可疑数,判断误差范围。因此就需要进行误差计算与分析。误差分析可以帮助我们判明实验方案中各个环节误差的大小,还可以帮助我们正确地组织实验和测量,合理地设计仪器、选用仪器和选定测量方法,使我们能以最经济的方式获得最有效的结果。

A.1　误差理论基础

1. 误差定义

某物理量绝对误差的定义为该量的给出值(包括测量值、实验值、标称值、示值、计算近似值等要研究的和给出的非真值)与其客观真值之差,即

$$绝对误差\ \Delta = 给出值 - 真值 \tag{A.1}$$

所谓真值就是被测物理量的真实大小。由于各种条件的限制,真值是无法测得的。为了使真值这个概念具有现实意义,通常可以给真值下这样一个定义,即:真值就是在无系统误差和个人过失的条件下,无限多次测量值的算术平均值。

式(A.1)表示的误差和给出值的量纲相同,它反映的是给出值偏离真值的大小,故称为绝对误差。例如,我们希望制造出电阻为 120 Ω 的电阻片,由于种种原因,制造出的电阻片的阻值实际为 119.8 Ω,而出厂标牌上的标称值还是 120 Ω,因此电阻片电阻的绝对误差为0.2 Ω。

为了描述测量的准确性,仅用绝对误差值是不够的。例如,在电测中由于各种因素,其绝对误差为 10 个微应变。假定这个绝对误差值是不随测量应变大小而变化的量,当两个测点的测量应变分别为 2 000 个微应变和 100 个微应变时,该绝对误差对这两个测点的测量准确程度的影响是不一样的,所以引出相对误差或误差率的概念。相对误差的定义如下:

$$相对误差 \delta = \frac{绝对误差}{真值} \times 100\% \tag{A.2a}$$

当误差较小时,则

$$相对误差 \delta = \frac{绝对误差}{给出值} \times 100\% \tag{A.2b}$$

上述例子中两个测点的相对误差分别为

$$\delta_1 = \frac{10}{2\,000} \times 100\% = 0.5\%$$

$$\delta_2 = \frac{10}{100} \times 100\% = 10\%$$

从 δ_1 和 δ_2 的值可以看出,虽然测量绝对误差相同,但相对误差相差 20 倍。

2. 误差的分布规律

所有的测量,无论直接测量或间接测量,最根本的目的都是为了求得某一物理量的真值。真值是无法测得的,所能测得的只是某物理量的近似值。测量技术的不断提高和测量方法的逐步改进只能使近似值逐渐接近真值。因此,研究所测数值与真值之间的关系,怎样由一组观测值确定一个最佳值以及能否用这最佳值来代表真值等问题是十分重要的。首先应对各观测值的频率分布情况进行研究。

为了搞清楚误差的分布规律,我们从物理量的观测值来讨论。假如测量某一钢球的直径,其测量结果列于表 A.1 中。表中 S_i 代表观测值,n_i 代表某一观测值 S_i 出现的次数,N 代表观测总次数。例中是按 $\Delta S = 0.01$ 来分组的,ΔS 称为间距。表 A.1 中 $S_i = 7.32$ 出现次数 $n_i = 3$,其含义为观测值介于 $7.315 \sim 7.325$ 的出现 3 次,7.32 是该区间的中值。n_i/N 为相对出现次数,称为观测值 S_i 出现的概率。

若绘 S_i 与 $n_i/(N\Delta S)$ 的关系图,则可得到如图 A.1 所示的阶梯状图形。$n_i/(N\Delta S)$ 称为概率密度。

表 A.1　钢球直径测量结果

观测值 S_i/mm	出现次数 n_i	相对出现次数 n_i/N	观测值 S_i/mm	出现次数 n_i	相对出现次数 n_i/N
7.31	1	0.007	7.37	29	0.193
7.32	3	0.020	7.38	17	0.113
7.33	8	0.058	7.39	9	0.060
7.34	18	0.120	7.40	2	0.013
7.35	28	0.187	7.41	1	0.007
7.36	34	0.227			

如果把间距 ΔS 取得小些,图形中阶梯更为密集。若设 ΔS 趋于零,则阶梯状折线将变为图 A.1 所示的连续光滑曲线,这种曲线称为正态分布曲线。如果把 S 换为误差 x,ΔS 换

成 dx，则可得到完全一样的图形，称为误差的正态分布曲线，这就是误差分布的规律，如图 A.2 所示。

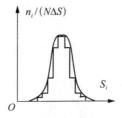

图 A.1　$n_i/(N\Delta S)$ 与 S_i 关系曲线（正态分布曲线）

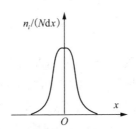

图 A.2　误差的正态分布曲线

从误差分布曲线，可以得到下列结论：

(1) 小误差比大误差出现的概率大，所以误差的概率与误差的大小有关。

(2) 大小相等、符号相反的正负误差的数目近似相等，所以概率曲线具有对称性。

(3) 极大的正误差与极大的负误差出现的概率非常小，故大误差一般不会出现。

概率曲线用数学公式表示为

$$y = f(x^2)$$

此函数叫作误差函数，高斯于 1795 年找出函数的形式为

$$y = \frac{1}{\sqrt{2\pi}\sigma} e^{-\frac{x^2}{2\sigma^2}} \tag{A.3a}$$

或

$$y = \frac{h}{\sqrt{\pi}} e^{-h^2 x^2} \tag{A.3b}$$

此式称为高斯误差分布定律，亦称误差方程或概率方程。根据方程所画出的曲线，称为高斯正态曲线或误差曲线，如图 A.3 所示。式中 h 为精确指数，即标准误差，h 与 σ 的关系为

$$h = \frac{1}{\sqrt{2}\sigma} \tag{A.4}$$

由图 A.3 及式(A.3a)可以看到：x 越大，y 越小；反之，x 越小，y 值越大。当 $x=0$

时,有

$$y_0 = \frac{1}{\sqrt{2\pi}\sigma} = \frac{h}{\sqrt{\pi}} \tag{A.5}$$

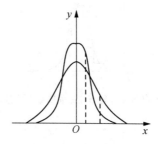

图 A.3　高斯正态曲线

y_0 为误差曲线上的最高点。当 h 越大、σ 越小时,曲线中部升得越高,两边下降得越快。反之,当 h 越小、σ 越大时,曲线变得越平。通常称标准误差 σ 为决定误差曲线幅度大小的因子。另外标准误差 σ 可以定出误差曲线的转折点。根据微积分原理,在转折点上曲线的斜率为零,即一次微商为零。图 A.3 所示高斯正态曲线中,设

$$\frac{1}{\sqrt{2\pi}\sigma} = K$$

代入式(A.3a),有

$$y = K \mathrm{e}^{\frac{x^2}{2\sigma^2}}$$

$$\frac{\mathrm{d}y}{\mathrm{d}x} = -\frac{Kx}{\sigma^2} \mathrm{e}^{-\frac{x^2}{2\sigma^2}}$$

$$\frac{\mathrm{d}^2 y}{\mathrm{d}^2 x} = -\frac{K}{\sigma^2} \mathrm{e}^{-\frac{x^2}{2\sigma^2}} \left(\frac{x^2}{\sigma^2} - 1 \right)$$

设

$$\frac{\mathrm{d}^2 y}{\mathrm{d}^2 x} = 0$$

则有

$$x = \pm \sigma \tag{A.6}$$

故曲线上的转折点为 $x = \pm \sigma$。

3. 最小二乘法原理

在具有同一精度的许多观测值中,最佳值是能使它与各个观测值的误差平方和为最小的那个值。

最小二乘法可由高斯误差定律导出。当观测值为 S_1, S_2, $\cdots$, S_n,最佳值为 a 时,其对应的误差为 $x_1 = S_1 - a$, $x_2 = S_2 - a$, $\cdots$, $x_n = S_n - a$。根据高斯定律,误差为 x_1, x_2, $\cdots$, x_n 的观测值出现的概率 P 为

$$P_i = y_i \mathrm{d}x_i \quad (i = 1, 2, \cdots, n)$$

而
$$y_i = \frac{h}{\sqrt{\pi}} \mathrm{e}^{-h^2 x_i^2}$$

则
$$P_i = \frac{h}{\sqrt{\pi}} \mathrm{e}^{-h^2 x_i^2} \mathrm{d}x_i$$

因各次测量是独立的,所以 x_1, x_2, $\cdots$, x_n 同时出现的概率为各个概率的乘积,即

$$\begin{aligned}
P_i &= P_1 P_2 \cdots P_n \\
&= \left(\frac{h}{\sqrt{\pi}}\right)^n \mathrm{e}^{-h^2(x_1^2 + x_2^2 + \cdots + x_n^2)} \mathrm{d}x_1 \mathrm{d}x_2 \cdots \mathrm{d}x_n
\end{aligned} \tag{A.7}$$

从误差分布曲线中可以看出,在测量中,误差小的那些数值比误差大的那些数值出现的概率大,当概率 P 最大时所求出的那个值应该是最佳值。由式(A.7)可知,若 P 为最大,则要求 $(x_1^2 + x_2^2 + \cdots + x_n^2)$ 为最小,即在一组测量中各误差的平方和为最小。

设 $Q = x_1^2 + x_2^2 + \cdots + x_n^2$,将 $x_i = S_i - a$ 代入,得

$$Q = (S_1 - a)^2 + (S_2 - a)^2 + \cdots + (S_n - a)^2$$

而 Q 为最小时,应满足下列两个条件:

$$\frac{\mathrm{d}Q}{\mathrm{d}a} = 0, \frac{\mathrm{d}^2 Q}{\mathrm{d}^2 a} = 0$$

因此
$$\frac{\mathrm{d}Q}{\mathrm{d}a} = -2(S_1 - a) - 2(S_2 - a) - \cdots - 2(S_n - a)$$

$$\frac{\mathrm{d}^2 Q}{\mathrm{d}^2 a} = 2 + 2 + \cdots + 2 = 2n$$

满足上述两个条件,则

$$\left.\begin{aligned}
&\frac{\mathrm{d}Q}{\mathrm{d}a} = 0, \ \sum S_i = na \\
&a = \frac{\sum S_i}{n} \\
&\frac{\mathrm{d}^2 Q}{\mathrm{d}^2 a} = 2n > 0
\end{aligned}\right\} \tag{A.8}$$

由此得出以下两个结论:

(1) 在一组精确度相同的测量中,算术平均值 $\sum S_i / n$ 为其最佳值。

(2) 各个观测值与算术平均值的偏差 x_i 的平方和 Q 为最小。

A.2 测定单个物理量的数据处理

在力学实验中,常常只要求测定某一物理量或某一个几何量。例如,测量试件的尺寸(如长、宽、高或直径等),测量材料的机械性能(如弹性模量、屈服极限、强度极限或断裂韧度等),测量构件某一点的应变或位移,等等。这些参数有直接测量的,如长度、应变等;也有间接测量的,如弹性模量就不能直接测量,而要先测出应变 ε、荷载 P 以及试件的直径 d 后,经过下式换算才能得到(设试件为圆形截面):

$$E = \frac{\sigma}{\varepsilon} = \frac{4P}{\pi d^2 \varepsilon}$$

对单个物理量进行误差分析时,需要研究如何求得真值,怎样计算实验误差,用什么方法判断测量方法的正确性,如何表示最后实验结果的精度等问题。

1. 真值与最佳值

A.1 节已经讨论过真值的定义,在没有系统误差和个人过失误差的条件下,无限多次观测的算术平均值就是真值。但实际上不可能对某一参数进行无限多次测量,测量的次数都是有限的,所以这样得到的平均值只能近似于真值。因此,真值与观测值之差,同平均值与观测值之差之间就会出现差异。

设真值为 μ,平均值为 a,观测值为 S,并设

$$\left.\begin{array}{l} d = S - a, \ x = S - \mu \\ d_1 = S_1 - a, \ x_1 = S_1 - \mu \\ d_2 = S_2 - a, \ x_2 = S_2 - \mu \\ \cdots\cdots \\ d_n = S_n - a, \ x_n = S_n - \mu \end{array}\right\} \tag{A.9}$$

将各式相加,得

$$\sum d_i = \sum S_i - na \quad \sum x_i = \sum S_i - n\mu \tag{A.10}$$

将式(A.10)代入式(A.8),则

$$a = \mu + \frac{\sum x_i}{n} \tag{A.11}$$

再将式(A.11)代入式(A.9),可得

$$d_i = (S_i - \mu) - \frac{\sum x_i}{n} = x_i - \frac{\sum x_i}{n}$$

$$d_i^2 = x_i^2 - 2x_i \frac{\sum x_i}{n} + \left(\frac{\sum x_i}{n}\right)^2$$

d_i^2 的总和为

$$\sum d_i^2 = \sum x_i^2 - 2 \frac{(\sum x_i)^2}{n} + n \left(\frac{\sum x_i}{n} \right)^2$$

根据正态分布规律,正负误差出现的机会相等,故将 $(\sum x_i)^2$ 展开后,$x_1 x_2$,$x_2 x_3$,$x_3 x_4$,…等乘积正负值的数目也相等,所以彼此抵消,因此得到

$$\sum d_i^2 = \sum x_i^2 - 2 \frac{\sum x_i^2}{n} + n \frac{\sum x_i^2}{n^2} = \frac{n-1}{n} \sum x_i^2 \tag{A.12}$$

从式(A.12)可以看出,算术平均值计算偏差平方和小于真值计算偏差平方和。从式(A.11)还可以看出,算术平均值与真值之差为

$$a - \mu = \frac{\sum x_i}{n}$$

故当 n 很大时,可以认为算术平均值近似于真值。

2. 误差的表示方法

1) 算术平均误差

算术平均误差是表示误差的较简单的方法,其定义为

$$\Delta = \frac{\sum |d_i|}{n} \quad (i = 1,\ 2,\ 3,\ \cdots,\ n) \tag{A.13}$$

式中,d_i 为观测值与平均值的偏差;n 为观测次数。

算术平均误差的缺点是无法表示出各次测量之间彼此符合的情况。因为可能在一组测量中,各次偏差都接近求出的算术平均误差,而另一组测量中,各偏差有大、中、小三种,但这两组测量的算术平均误差相同。

2) 标准误差

标准误差也称均方根误差,其定义为

$$\sigma = \sqrt{\frac{\sum x_i^2}{n}} \tag{A.14}$$

式中,$\sum x_i^2$ 代表观测次数无限多时误差的平方和,当观测次数为有限时,将式(A.12)代入式(A.14)可得

$$\sigma = \sqrt{\frac{\sum d_i^2}{n-1}} \tag{A.15}$$

式(A.15)称为贝塞尔(Bessel)式估计方差。

该误差的优点是:对一组测量数据中的较大误差或较小误差感觉比较灵敏,所以标准误差是表示精确度的较好方法。该方法已经广泛用来分析单个物理量的测量误差。

根据式(A.8)与式(A.9)可得

$$d_i = S_i - a$$

$$a = \sum \frac{S_i}{n}$$

因此可以推得

$$\sigma^2 = \frac{\sum S_i^2 - (\sum S_i)^2/n}{n-1}$$

如果 S_i 值太大,则可选一任意适宜值 b,将 S_i 变小以便计算,如下式所示:

$$y_i = S_i - b$$

因为 $y_i - \bar{y} = S_i - a = d_i$,则有

$$\sigma^2 = \frac{\sum y_i^2 - (\sum y_i)^2/n}{n-1} \tag{A.16}$$

式中,$\bar{y}$ 为 y_i 的算术平均值。

该公式应用很广泛。它的优点是在计算过程中可减少舍入误差;在可疑值舍弃时,计算不重复;在计算机编程计算的过程中,可以节省存储单元。

3. 间接测量的误差计算

有些物理量能够直接测量,而有些物理量不能直接测量。对于不能直接测量的物理量,可通过直接测量与该物理量有函数关系的一些参数,然后根据函数关系式把它们计算出来。由于各直接测量的物理量总是带有一定的误差,它对间接测量的影响,反映在函数自变量的误差与函数的总误差之间的关系式中。不同的函数有不同的关系式,这就是误差传递问题。

计算间接测量误差,首先要找出与间接测量物理量有确定函数关系的并能直接测量的自变量。确定函数关系后,写出计算公式。再对自变量进行直接测量,算出各自变量的算术平均值,然后代入计算公式算出间接测量的物理量。

由于函数形式多种多样,下面一一介绍。

1) 误差传递的一般公式

设有函数

$$Y = f(x, y, \cdots, z)$$

Y 由 $x, y, \cdots, z$ 各直接测量值决定。若 $\Delta x, \Delta y, \cdots, \Delta z$ 分别代表相应各自变量的直接测量误差,ΔY 代表由 $\Delta x, \Delta y, \cdots, \Delta z$ 引起的 Y 的误差,则得

$$Y + \Delta Y = f(x + \Delta x, y + \Delta y, \cdots, z + \Delta z)$$

将等号右边按泰勒级数展开,得

$$f(x + \Delta x, y + \Delta y, \cdots, z + \Delta z) = f(x, y, L, z) + \Delta x \frac{\partial f}{\partial x} + \Delta y \frac{\partial f}{\partial y} + \cdots + \Delta z \frac{\partial f}{\partial z} +$$
$$\frac{1}{2}(\Delta x)^2 \frac{\partial^2 f}{\partial x^2} + \frac{1}{2}(\Delta y)^2 \frac{\partial^2 f}{\partial y^2} + \cdots + \frac{1}{2}(\Delta z)^2 \frac{\partial^2 f}{\partial z^2} + L$$

略去二阶与高阶小量,得

$$Y + \Delta Y = f(x, y, \cdots, z) + \Delta x \frac{\partial f}{\partial x} + \Delta y \frac{\partial f}{\partial y} + \cdots + \Delta z \frac{\partial f}{\partial z} \tag{A.17}$$

由式(A.17)可看出,间接测量的物理量 Y 的最佳值,可由各直接测量的物理量的算术平均值 x,y,$\cdots$,z 代入函数式求得,而其各和误差如下。

(1) 绝对误差 Δ。

$$\left.\begin{aligned}
\Delta Y &= \Delta x \frac{\partial f}{\partial x} + \Delta y \frac{\partial f}{\partial y} + \cdots + \Delta z \frac{\partial f}{\partial z} \\
\mathrm{d}Y &= \mathrm{d}x \frac{\partial f}{\partial x} + \mathrm{d}y \frac{\partial f}{\partial y} + \cdots + \mathrm{d}z \frac{\partial f}{\partial z}
\end{aligned}\right\} \tag{A.18}$$

(2) 相对误差 δ。

$$\delta = \frac{\mathrm{d}Y}{Y} = \frac{\mathrm{d}x}{Y} \frac{\partial f}{\partial x} + \frac{\mathrm{d}y}{Y} \frac{\partial f}{\partial y} + \cdots + \frac{\mathrm{d}z}{Y} \frac{\partial f}{\partial z} \tag{A.19}$$

(3) 标准误差 σ。

将式(A.18)两边平方,得

$$(\mathrm{d}Y_i)^2 = \left(\frac{\partial f}{\partial x}\right)^2 (\mathrm{d}x_i)^2 + \left(\frac{\partial f}{\partial y}\right)^2 (\mathrm{d}y_i)^2 + \cdots + \left(\frac{\partial f}{\partial z}\right)^2 (\mathrm{d}z_i)^2 +$$
$$2 \frac{\partial f}{\partial x} \frac{\partial f}{\partial y} \mathrm{d}x_i \mathrm{d}y_i + \cdots$$

根据高斯定律,正误差与负误差的数目相等,非平方项相互抵消,故得

$$(\mathrm{d}Y_i)^2 = \left(\frac{\partial f}{\partial x}\right)^2 (\mathrm{d}x_i)^2 + \left(\frac{\partial f}{\partial y}\right)^2 (\mathrm{d}y_i)^2 + \cdots + \left(\frac{\partial f}{\partial z}\right)^2 (\mathrm{d}z_i)^2$$

将各次测量的误差代入上式,并求其总和,得

$$\sum (\mathrm{d}Y_i)^2 = \left(\frac{\partial f}{\partial x}\right)^2 \sum (\mathrm{d}x_i)^2 + \left(\frac{\partial f}{\partial y}\right)^2 \sum (\mathrm{d}y_i)^2 + \cdots + \left(\frac{\partial f}{\partial y}\right)^2 \sum (\mathrm{d}z_i)^2 \tag{A.20}$$

两端同除以 $(n-1)$,得标准误差 σ:

$$\sigma^2 = \left(\frac{\partial f}{\partial x}\right)^2 \sigma_x^2 + \left(\frac{\partial f}{\partial y}\right)^2 \sigma_y^2 + \cdots + \left(\frac{\partial f}{\partial z}\right)^2 \sigma_z^2$$
$$\sigma = \sqrt{\left(\frac{\partial f}{\partial x}\right)^2 \sigma_x^2 + \left(\frac{\partial f}{\partial y}\right)^2 \sigma_y^2 + \cdots + \left(\frac{\partial f}{\partial z}\right)^2 \sigma_z^2} \tag{A.21}$$

2) 误差传递公式在简单运算中的运用

(1) 加法。

设 $Y = x + y + \cdots + z$,x,y,$\cdots$,z 分别代表各个直接观测值。根据式(A.18),得最大误差为

$$\Delta Y = |\Delta x| + |\Delta y| + \cdots + |\Delta z| \tag{A.22}$$

和的最大误差等于各个直接观测值的绝对误差之和。

（2）减法。

设 $Y=x-y$，式中符号意义同前。根据式（A.18），得最大误差为

$$\Delta Y=\mid \Delta x \mid+\mid \Delta y \mid \tag{A.23}$$

差的最大误差与和的最大误差一样，等于各个直接观测值的绝对误差之和。

（3）乘法。

设 $Y=\alpha x$，α 为一个很精确的值。当 Y 的误差只取决于 x 时，则

$$\Delta Y=\alpha \Delta x \tag{A.24}$$

若 $Y=xy\cdots z$，根据式（A.19），得到最大相对误差为

$$\delta=\frac{\mathrm{d}Y}{Y}=\left|\frac{\mathrm{d}x}{Y}\right|+\left|\frac{\mathrm{d}y}{Y}\right|+\cdots+\left|\frac{\mathrm{d}z}{Y}\right| \tag{A.25}$$

而绝对误差为

$$\mathrm{d}Y=Y\delta \tag{A.26}$$

例如，求 349.1×863.4 的相对误差与绝对误差。这两数的绝对误差均为 0.1 时，则根据式（A.25）计算其相对误差为

$$\delta=\frac{0.1}{349.1}+\frac{0.1}{863.4}=0.000\ 4$$

绝对误差根据式（A.26）计算得

$$\mathrm{d}Y=(349.1\times863.4)\times0.000\ 4=120.5$$

（4）除法。

设 $Y=\dfrac{x}{y}$，根据式（A.19），得最大相对误差为

$$\delta=\left|\frac{\mathrm{d}x}{x}\right|+\left|\frac{\mathrm{d}y}{y}\right| \tag{A.27}$$

故商的误差与积的误差一样，等于各因子相对误差之和。

（5）方次与根。

设 $Y=A^m$，相对误差为

$$\delta=m\left|\frac{\mathrm{d}A}{A}\right|$$

A 的 m 次方的相对误差等于 m 倍 A 的相对误差。

（6）对数。

设 $Y=\log A=0.434\ 3\ln A$，根据式（A.18），其绝对误差为

$$\mathrm{d}Y=0.434\ 3\frac{\mathrm{d}A}{A}$$

根据式（A.19），其相对误差为

$$\delta = \frac{\mathrm{d}Y}{Y} = \frac{\mathrm{d}Y}{\mathrm{d}A} \cdot \frac{\mathrm{d}A}{Y} = 0.4343 \frac{1}{A} \frac{\mathrm{d}A}{Y}$$

A.3　实验数据的直线拟合

在科学实验中常会遇到两个相关物理量有接近于直线的关系,如弹性阶段应力-应变关系。有些变量表面上没有直线关系,但是经过简单变量变换之后就表现出直线关系,如两个接近幂函数关系的变量关系 $y = Cx^n$,取对数以后即呈直线关系:$\log y = \log C + n\log x$。整理这些实验数据时,最简单的办法是根据各实验点的数据直观作图确定近似的直线关系(图 A.4),但这种方法在数据点相对分散时,同一组数据也会得到不同的结果。为了更准确、更合理地解决这一数据处理问题,可应用数理统计中直线拟合的方法。该方法可根据实验数据得到最佳的直线关系。现简要介绍如下:

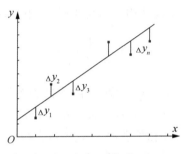

图 A.4　根据数据点描绘直线

设测试物理量为 $x_1, x_2, \cdots, x_n$,与其对应测试的物理量为 $y_1, y_2, \cdots, y_n$,若设 $y = a + bx$ 为诸实验点的最佳直线关系,显而易见,用 x_i 计算出来的 y_i 与 x_i 对应测试的 y_i 不同,存在一个差值(图 A.4),即

$$\Delta y_i = y_i - (a + bx_i) \quad (i = 1, 2, 3, \cdots, n)$$

根据最小二乘法原理,当观测值的误差 Δy_i 的平方和为最小时确认为最佳直线方程,根据这个条件可以确定系数 a 和 b,从而确定最佳直线方程 $y = a + bx$。

观测值 y_i 的误差 Δy_i 的平方和最小,数学上表示为

$$Q = \sum (\Delta y_i)^2 = \min \quad (i = 1, 2, 3, \cdots, n)$$

即

$$Q = \sum [y_i - (a + bx)]^2 = \min$$

利用

$$\frac{\partial Q}{\partial a} = -2(y_1 - a - bx_1) - 2(y_2 - a - bx_2) - \cdots - 2(y_n - a - bx_n) = 0$$

$$\frac{\partial Q}{\partial b} = -2x_1(y_1 - a - bx_1) - 2x_2(y_2 - a - bx_2) - \cdots - 2x_n(y_n - a - bx_n) = 0$$

整理后得

$$\sum y_i - na - b\sum x_i^2 = 0$$

$$\sum x_i y_i - a \sum x_i - b \sum x_i^2 = 0$$

引入
$$L_{xx} = \sum x_i^2 - \frac{\left(\sum x_i\right)^2}{n}, \ L_{yy} = \sum y_i^2 - \frac{\left(\sum y_i\right)^2}{n},$$

$$L_{xy} = \sum x_i y_i - \frac{\sum x_i \sum y_i}{n}, \ \bar{x} = \frac{\sum x_i}{n}, \ \bar{y} = \frac{\sum y_i}{n}$$

则可解出
$$b = \frac{L_{xy}}{L_{xx}}, \ a = \bar{y} - b\bar{x}$$

最终获得直线方程 $y = a + bx$。

对于任何一组实验数据,总可以用最小二乘法拟合出一条直线方程来,但是有的数据远离直线,而有的数据可能会很接近于直线,仅用拟合出来的直线方程不能反映这种差别,而相关系数 γ 可以判别一组数据线性相关的密切程度,相关系数定义为

$$\gamma = \frac{L_{xy}}{\sqrt{L_{xx} \cdot L_{yy}}}$$

γ 的绝对值越接近于 1,表示数据 x_i 和 y_i 的线性关系越好,理想直线关系的数据 $\gamma = 1$。相关系数接近于零,表示 x_i 和 y_i 的直线关系很差,或 x_i 和 y_i 没有直线关系。因此拟合出直线方程以后,通常都要计算相关系数 γ,以表示直线相关关系的优劣。

实验数据 x_i 和 y_i 存在相关关系,根据 x_i 并不能完全确定 y_i,但可以知道 y_i 会落在拟合出来的直线方程 $y = a + bx$ 的附近,并且知道越接近直线的数据点的概率越大,点越密集,而越远离直线的数据点的概率越小,但总还存在可能性。可见,数据在回归直线方程附近的分布与概率有关。剩余标准离差 s 可以表示在一定概率之下数据点偏离的程度。

$$s = \sqrt{\frac{L_{yy} - bL_{xy}}{n-2}}$$

对于任一 x_i 值,y_i 值落在 $[y-s, \ y+s]$ 区间的概率为 68.3%,落在 $[y-2s, \ y+2s]$ 区间的概率为 95.4%,落在区间 $[y-3s, \ y+3s]$ 的概率为 99.7%,这就说明 s 值代表了一定概率之下数据分散带的宽度,s 值越小,数据直线相关性越好,理想直线关系的数据 $s = 0$。γ 和 s 都是反映数据直线相关关系的参数,一般计算其中之一即可。

应该指出,直线拟合需要有足够的实验点,直线关系越好(即 γ 接近于 1),实验点数可以减少,但最好不要少于 5 个;相关关系越差,实验点数必须相应增加,否则直线拟无效。

附录 B 实验数据修约规定

B.1 有效数字的位数

有效数字是指在表达一个数量时,其中的每一个数字都是准确的、可靠的,而只允许保留最后一位估计数字,这个数量的每一个数字为有效数字。

（1）纯粹理论计算的结果：如 π，e，$\sqrt{2}$ 和 $\frac{1}{3}$ 等，它们可以根据需要计算到任意位数的有效数字，如 π 可以取 3.14，3.141，3.141 5，3.141 59 等。因此，这一类数量其有效数字的位数是无限制的。

（2）测量得到的结果：这一类数量其末一位数字往往是估计得来的，因此具有一定的误差和不确定性。例如，用千分尺测量试样的直径为 10.47 mm，其中百分位是 7，因千分尺的精度 0.01 mm，所以百分位上的 7 已不大准确，而前 3 位数是肯定准确、可靠的，最后一位数字已带有估计的性质。所以对于测量结果只允许保留最后一位不准确数字，这是一个 4 位有效数字的数量。

在鉴别有效数字时，数字 0 可以是有效数字也可以不是有效数字。例如，我们用 0.02 精度的卡尺测试样直径，得到 10.08 mm 和 10.10 mm，这里的 0 都是有效数字。在测量一个杆件长度时得到 0.003 20 m，这时前面 3 个零均非有效数字，因为这些 0 只与所取的单位有关，而与测量的精确度无关。如果采用"mm"作单位，则前面的 3 个 0 完全消失，变为 3.20 mm，故有效数字是 3 位。另外，像 12 000 m 和 13 000 g，我们很难肯定其中的 0 是否是有效数字。这时最好用指数的表示法，用 10 的方次，前面的数字代表有效数字。如，12 000 m 写为 1.2×10^4 m，则表示有效数字是 2 位；如果把它写为 1.20×10^4 m，则表示有效数字是 3 位。现以下列长度测量为例说明有效数字位数：

（a）123 cm；（b）0.001 23 cm；（c）12.03 cm；（d）12.30 cm；（e）12 300 cm。

其中测量（a）的有效数字为 3 位；测量（b）的有效数字为 3 位，小数点后的两个 0 仅供指示小数点的位置用。测量（c）的有效数字是 4 位，测量（d）的有效数字也是 4 位。而测量（e）的形式最为含混，看不出来长度接近于米还是接近于厘米，因此，遇到这种情况，可将其表示为 1.230×10^4 cm，则可以看出有效数字是 4 位。

（3）自变量 x 和因变量 y 数字位数的取法：因变量 y 的数字位数取决于自变量 x。凡数值是根据理论计算得来的，则可以认为因变量 y 的有效数字位数为无限制的，可以根据需要来选取；若因变量 y 的数值取决于测定量 x 时，因自变量 x 在测定时有误差，则其有效数字取决于实验的精确度。例如，测量拉伸试样的工作直径，其名义值为 10 mm，若用千分尺测量，因其精确度为 0.01 mm，因此，试样直径的有效数字可以是 10.01，10.02，10.03，也可能是 9.99，9.98，9.97 等。根据直径计算的试样横截面积为 3 位有效数字，再根据实验测得的载荷量计算屈服极限和强度极限，这些应力值的有效数字位数顶多取 3 位。

B.2　数值修约规则

在进行具体的数字运算前，通过省略原数值的最后若干位数字，调整保留的末位数字，使最后所得到的值最接近原数值的过程称为数值修约。指导数字修约的具体规则被称为数值修约规则。

科技工作中测定和计算得到的各种数值，除另有规定者外，修约采用《数值修约规则与极限数值的表示和判定》(GB/T 8170—2008)规定的数值修约规则。

数值修约时应首先确定"修约间隔"和"进舍规则"。一经确定，修约值必须是"修约间隔"的整数倍。

然后指定表达方式,即选择根据"修约间隔"保留到指定位数。

使用以下"进舍规则"进行修约:

(1) 拟舍弃数字的最左一位数字小于5时则舍去,即保留的各位数字不变。

(2) 拟舍弃数字的最左一位数字大于5或等于5,而其后跟有并非全部为0的数字时则进一,即保留的末位数字加1。(指定"修约间隔"明确时,以指定位数为准。)

(3) 拟舍弃数字的最左一位数字等于5,而右面无数字或皆为0时,若所保留的末位数字为奇数则进一,为偶数(包含0)则舍弃。

(4) 负数修约时,取绝对值按照上述规定(1)~(3)进行修约,再加上负号。

不允许连续修约。

数值修约简明口诀:4舍6入5看右,5后有数进上去,尾数为0向左看,左数奇进偶舍弃。

现在被广泛使用的数值修约规则主要有四舍五入规则和四舍六入五留双规则。

(1) 四舍五入规则。

四舍五入规则是人们习惯采用的一种数值修约规则。四舍五入规则的具体使用方法是:

在需要保留数字的位次后一位,逢五就进,逢四就舍。

例如,将数字2.1875精确保留到千分位(小数点后第3位),因小数点后第4位数字为5,按照此规则应向前一位进一,所以结果为2.188。同理,将下列数字全部修约到两位小数,结果为:

10.2750→10.28

18.06501→18.07

16.4050→16.40

27.1850→27.18

按照四舍五入规则进行数值修约时,应一次修约到指定的位数,不可以进行数次修约,否则将有可能得到错误的结果。例如,将数字15.4565修约到个位时,应一步到位:15.4565→15(正确)。如果分步修约将得到错误的结果:15.4546→15.455→15.46→15.5→16(错误)。

四舍五入修约规则,逢五就进,必然会造成结果的系统偏高,误差偏大,为了避免这样的状况出现,尽量减小因修约而产生的误差,在某些时候需要使用四舍六入五留双的修约规则。

(2) 四舍六入五留双规则。

为了避免四舍五入规则造成的结果偏高、误差偏大的现象出现,一般采用四舍六入五留双规则。四舍六入五留双规则的具体方法是:

① 当尾数小于或等于4时,直接将尾数舍去。

例如,将下列数字全部修约到两位小数,结果为:

10.2731→10.27

18.5049→18.50

16.400 5→16.40

27.182 9→27.18

② 当尾数大于或等于 6 时,将尾数舍去并向前一位进位。

例如,将下列数字全部修约到两位小数,结果为:

16.777 7→16.78

10.295 01→10.30

21.019 1→21.02

③ 当尾数为 5,而尾数后面的数字均为 0 时,应看尾数"5"的前一位:若前一位数字此时为奇数,就应向前进一位;若前一位数字此时为偶数,则应将尾数舍去。数字"0"在此时应被视为偶数。

例如,将下列数字全部修约到两位小数,结果为:

12.645 0→12.64

18.275 0→18.28

12.735 0→12.74

21.845 000→21.84

④ 当尾数为 5,而尾数"5"的后面还有任何不是 0 的数字时,无论前一位在此时为奇数还是偶数,也无论"5"后面不为 0 的数字在哪一位上,都应向前进一位。

例如,将下列数字全部修约到两位小数,结果为:

12.735 07→12.74

21.845 02→21.85

12.645 01→12.65

18.275 09→18.28

38.305 000 001→38.31

按照四舍六入五留双规则进行数字修约时,也应像四舍五入规则那样,一次性修约到指定的位数,不可以进行数次修约,否则得到的结果也有可能是错误的。例如将数字 10.274 994 500 1 修约到两位小数时,应一步到位:10.274 994 500 1→10.27(正确)。如果按照四舍六入五留双规则分步修约将得到错误结果:10.274 994 500 1→10.274 995→10.275→10.28(错误)。

修约间隔:

(1) 指定修约间隔为 $10n$(n 为正整数),或指明将数值修约到 n 位小数。

(2) 指定修约间隔为 1,或指明将数值修约到个数位。

(3) 指定修约间隔为 $10n$,或指明将数值修约到 $10n$ 数位(n 为正整数),或指明将数值修约到"十""百""千"……数位。

例 1:修约间隔为 0.1(或 10^{-1})。

拟修约数值修约值:

1.050→1.0

0.350→0.4

例2:修约间隔为1 000(或10^3)。

拟修约数值修约值:

25 002×10^3(特定时可写为2 000)

35 004×10^3(特定时可写为4 000)

负数修约时,先将它的绝对值按正数规定进行修约,然后在修约值前面加上负号。

例1:将下列数字修约到"十"数位。

拟修约数值修约值:

−355→−36×10(特定时可写为−360)

−325→−32×10(特定时可写为−320)

拟修约数字应在确定修约位数后一次修约获得结果,而不得多次连续修约。

例如:修约15.454 6,修约间隔为1。

正确的做法:15.454 6→15。

不正确的做法:15.454 6→15.455→15.46→15.5→16。

在具体实施中,为避免产生连续修约的错误,应按下述步骤进行。

(a) 报出数值最右的非零数字为5时,应在数值后面加"(+)"或"(−)"或不加符号,以分别表明已进行过舍、进或未舍未进。

如:16.50(+)表示实际值大于16.50,经修约舍弃成为16.50;16.50(−)表示实际值小于16.50,经修约进一成为16.50。

(b) 如果判定报出值需要进行修约,当拟舍弃数字的最左一位数字为5而后面无数字或皆为零时,数值后面有(+)号者进一,数值后面有(−)号者舍去。

例如:将下列数字修约到个数位后进行判定(报出值多留一位到一位小数),如表B.1所示。

表 B.1

实测值	报出值	修约值
15.454 6	15.5(−)	15
16.520 3	16.5(+)	17
17.500 0	17.5	18
−15.454 6	−15.5(−)	−15

有时需用0.5单位修约或0.2单位修约。0.5单位修约亦称半个单位修约,指修约间隔为指定位数的0.5单位,即修约至指定位数的0.5单位。

0.2单位修约指修约间隔为指定位数的0.2单位,即修约至指定位数的0.2单位。

上述的进舍规则实际为1单位修约,即单位修约。

0.5单位修约法:将拟修约数字乘2,按指定数位依进舍规则修约,所得数值再除以2,如表B.2所示。

表 B. 2

拟修约值 （A）	拟修约值乘 2 （2A）	2A 修约值 （修约间隔为 1）	A 修约值 （修约间隔为 0.5）
60. 25	120. 50	120	60. 0
60. 38	120. 76	121	60. 5
60. 75	121. 50	122	61. 0

0.2 单位修约法：将拟修正数乘 5，按指定数位依进舍规则修约，所得数字再除以 5，如表 B.3 所示。

表 B. 3

拟修约值 （A）	拟修约值乘 5 （5A）	5A 修约值 （修约间隔为 1）	A 修约值 （修约间隔为 0.2）
8. 42	42. 10	42	8. 4

B. 3　最终测量结果修约

最终测量结果应不再含有可修正的系统误差。

力学实验所测定的各项性能指标及测试结果的数值一般是通过测量和运算得到的。由于计算的特点，其结果往往出现多位或无穷多位数字。但这些数字并不是都具有实际意义的。在表达和书写这些数值时必须对它们进行修约处理。

对数值进行修约之前应明确保留几位数有效数字，也就是说应修约到哪一位数。性能数值的有效位数主要决定于测试的精确度。例如，某一性能数值的测试精确度为 ±1%，则计算结果保留 4 位或 4 位以上有效数字显然没有实际意义，夸大了测量的精确度。在力学性能测试中测量系统的固有误差和方法误差决定了性能数值的有效位数。

附录 C　常见材料性能参数

材料的性质与制造工艺、化学成分、内部缺陷、使用温度、受载历史、服役时间及试件尺寸等因素有关。本附录给出的材料性能参数只是典型范围值。用于实际工程分析或工程设计时，请咨询材料制造商或供应商。

除非特别说明，本附录给出的弹性模量、屈服强度均指拉伸时的值。常见材料性能参数如表 C.1 和表 C.2 所列。

表 C. 1　材料的弹性模量、泊松比、密度和热膨胀系数

材料名称	弹性模量 E/MPa	泊松比 ν	密度/(kg·m^{-3})	热膨胀系数
铝合金	70～79	0. 33	2 600～2 800	23
黄铜	96～110	0. 34	8 400～8 600	19. 1～21. 2

材料名称	弹性模量 E/MPa	泊松比 ν	密度/(kg·m^{-3})	热膨胀系数
青铜	96～120	0.34	8 200～8 800	18～21
铸铁	83～170	0.2～0.3	7 000～7 400	9.9～12
混凝土（压）	17～31	0.1～0.2		7～14
普通			2 300	
增强			2 400	
轻质			1 100～1 800	
铜及其合金	110～120	0.33～0.36	8 900	16.6～17.6
玻璃	48～83	0.17～0.27	2 400～2 800	5～11
镁合金	41～45	0.35	1 760～1 830	26.1～28.8
镍合金（蒙乃尔钢）	170	0.32	8 800	14
镍	210	0.31	8 800	13
塑料				
尼龙	2.1～3.4	0.4	880～1 100	70～140
聚乙烯	0.7～1.4	0.4	960～1 400	140～290
岩石（压）				
花岗岩、大理石	40～100	0.2～0.3	2 600～2 900	5～9
石灰石、砂石	20～70	0.2～0.3	2 000～2 900	
橡胶	0.000 7～0.004	0.45～0.5	960～1 300	130～200
砂、土壤、砂砾			1 200～2 200	
钢	190～210	0.27～0.3	7 850	10～18
高强钢				14
不锈钢				17
结构钢				12
钛合金	100～120	0.33	4 500	8.1～11
钨	340～380	0.2	1 900	4.3
木材（弯曲）				
杉木	11～13		480～560	
橡木	11～12		640～720	
松木	11～14		560～640	

表 C.2　材料的力学性能

材料名称/牌号	屈服强度	抗拉强度	伸长率	备注
铝合金 LY12	35～500 274	100～550 412	1～45 19	硬铝
黄铜	70～550	200～620	4～60	
青铜	82～690	200～830	5～60	
铸铁(拉伸)	120～290	69～480	0～1	
HT150		150		
HT250		250		
铸铁(压缩)		340～1 400		
混凝土(压缩)		10～70		
铜及其合金	55～760	230～830	4～50	
玻璃		30～1 000	0	
平板		70		
纤维		7 000～20 000		
镁合金	80～280	140～340	2～20	
镍合金(蒙乃尔钢)	170～1 100	450～1 200	2～50	
镍	100～620	310～760	2～50	
塑料				
尼龙		40～80	20～100	
聚乙烯		7～28	15～300	
岩石(压缩)				
花岗岩、大理石、石英		50～280		
石灰石、砂石		20～200		
橡胶	1～7	7～20	100～800	
普通碳素钢				
Q215	215	335～450	26～31	旧牌号 A2
Q235	235	375～500	21～26	旧牌号 A3
Q255	255	410～550	19～24	旧牌号 A4
Q275	275	490～630	15～20	旧牌号 A5

(续表)

材料名称/牌号	屈服强度	抗拉强度	伸长率	备注
优质碳素钢				
25	275	450	23	25 号钢
35	315	530	20	35 号钢
45	355	600	16	45 号钢
55	380	645	13	55 号钢
低合金钢				
15MnV	390	530	18	15 锰钒
16Mn	345	510	21	16 锰
合金钢				
20Cr	540	835	10	20 铬
40Cr	785	980	9	40 铬

附录 D   力学术语中英文对照索引

（按汉语拼音字母顺序）

A

安全因数 safety factor

B

半桥接法 half bridge

闭口薄壁杆 thin-walled tubes

比例极限 proportional limit

边界条件 boundary conditions

变截面梁 beam of variable cross section

变形 deformation

变形协调方程 compatibility equation

标距 gage length

泊松比 Poisson ratio

补偿块 compensating block

C

材料力学 mechanics of materials

冲击荷载 impact load

初应力,预应力 initial stress

纯剪切 pure shear

纯弯曲 pure bending

脆性材料 brittle materials

D

大柔度杆 long columns

单位荷载 unit load

单位力偶 unit couple

单位荷载法 unit-load method

单向应力,单向受力 uniaxial stress

等强度梁 beam of constant strength

低周疲劳 low-cycle fatigue

电桥平衡 bridge balancing

电阻应变计 resistance strain gage

电阻应变仪 resistance strain indicator

叠加法 superposition method

叠加原理 superposition principle

动荷载 dynamic load

断面收缩率 percentage reduction in area

多余约束 redundant restraint

E

二向应力状态 state of biaxial stress

F

分布力 distributed force

复杂应力状态 state of triaxial stress

复合材料 composite material

G

杆,杆件 bar

刚度 stiffness

刚架,构架 frame

刚结点 rigid joint

高周疲劳 high-cycle fatigue

各向同性材料 isotropical material

功的互等定理 reciprocal-work theorem

工作应变计 active strain gage

工作应力 working stress

构件 structural member

惯性半径 radius of gyration of an area

惯性积 product of inertia

惯性矩，截面二次轴距 moment of inertia

广义胡克定律 generalized Hooke's law

H

横向变形 lateral deformation

胡克定律 Hooke's law

滑移线 slip-lines

J

基本系统 primary system

畸变能理论 distortion energy theory

畸变能密度 distortional strain energy density

极惯性矩，截面二次极矩 polar moment of inertia

极限应力 ultimate stress

极限荷载 limit load

挤压应力 bearing stress

剪力 shear force

剪力方程 equation of shear force

剪力图 shear force diagram

剪流 shear flow

剪切胡克定律 Hooke's law for shear

剪切 shear

交变应力，循环应力 cyclic stress

截面法 method of sections

截面几何性质 geometrical properties of an area

截面核心 core of section

静不定次，超静定次数 degree of a statically indeterminate problem

静不定问题，超静定问题 statically indeterminate problem

静定问题 statically determinate problem

静荷载 static load

静矩,一次矩 static moment
颈缩 necking

K

开口薄壁杆 bar of thin-walled open cross section
抗拉强度 ultimate stress in tension
抗扭截面系数 section modulus in torsion
抗扭强度 ultimate stress in torsion
抗弯截面系数 section modulus in bending

L

拉压刚度 axial rigidity
拉压杆,轴向承载杆 axially loaded bar
理想弹塑性假设 elastic-perfectly plastic assumption
力法 force method
力学性能 mechanical properties
连续梁 continuous beam
连续条件 continuity condition
梁 beams
临界应力 critical stress
临界荷载 critical load

M

迈因纳定律 Miner's law
名义屈服强度 offset yielding stress
莫尔强度理论 Mohr theory of failure
敏感栅 sensitive grid

N

挠度 deflection
挠曲轴 deflection curve
挠曲轴方程 equation of deflection curve
挠曲轴近似微分方程 approximately differential equation of the deflection curve
内力 internal forces
扭力矩 twisting moment
扭矩 torsional moment
扭矩图 torque diagram

8

扭转 torsion
扭转极限应力 ultimate stress in torsion
扭转角 angel of twist
扭转屈服强度 yielding stress in torsion
扭转刚度 torsional rigidity

O

欧拉公式 Euler's formula

P

疲劳极限, 条件疲劳极限 endurance limit
疲劳破坏 fatigue rupture
疲劳寿命 fatigue life
偏心拉伸 eccentric tension
偏心压缩 eccentric compression
平均应力 average stress
平面弯曲 plane bending
平面应力状态 state of plane stress
平行移轴定理 parallel axis theorem
平面假设 plane cross-section assumption

Q

强度 strength
强度理论 theory of strength
强度条件 strength condition
切变模量 shear modulus
切应变 shear strain
切应力 shear stress
切应力互等定理 theorem of conjugate shearing stress
屈服 yield
屈服强度 yield strength
全桥接线法 full bridge

R

热应力 thermal stress

S

三向应力状态 state of triaxial stress

三轴直角应变花 three-element rectangular rosette

三轴等角应变花 three-element delta rosette

失稳 buckling

伸长率 elongation

圣维南原理 Saint-Venant's principle

实验应力分析 experimental stress analysis

塑性变形,残余变形 plastic deformation

塑性材料,延性材料 ductile materials

塑性铰 plastic hinge

T

弹簧常量 spring constant

弹性变形 elastic deformation

弹性模量 modulus of elasticity

体积力 body force

体积改变能密度 density of energy of volume change

体应变 volume strain

W

弯矩 bending moment

弯矩方程 equation of bending moment

弯矩图 bending moment diagram

弯曲 bending

弯曲刚度 flexural rigidity

弯曲正应力 normal stress in bending

弯曲切应力 shear stress in bending

弯曲中心 shear center

位移法 displacement method

位移互等定理 reciprocal-displacement theorem

稳定条件 stability condition

稳定性 stability

稳定安全因数 safety factor for stability

X

细长比,柔度 slenderness ratio

线性弹性体 linear elastic body

约束扭转 constraint torsion

相当长度,有效长度 equivalent length
相当应力 equivalent stress
小柔度杆 short columns
形心轴 centroidal axis
形状系数 shape factor
许用应力 allowable stress
许用应力法 allowable stress method
许用荷载 allowable load
许用荷载法 allowable load method

Y

应变花 strain rosette
应变计 strain gage
应变能 strain energy
应变能密度 strain energy density
应力 stress
应力速率 stress ratio
应力比 stress ratio
应力幅 stress amplitude
应力状态 state of stress
应力集中 stress concentration
应力集中因数 stress concentration factor
应力-寿命曲线,$S-N$ 曲线 stress-cycle curve
应力-应变图 stress-strain diagram
应力圆,莫尔圆 Mohr's circle for stresses

Z

正应变 normal strain
正应力 normal stress
中面 middle plane
中柔度杆 intermediate columns
中性层 neutral surface
中性轴 neutral axis
轴 shaft
轴力 axial force
轴力图 axial force diagram
轴向变形 axial deformation

轴向拉伸 axial tension

轴向压缩 axial compression

主平面 principal planes

主应力 principal stress

主应力迹线 principal stress trajectory

主轴 principal axis

主惯性矩 principal moment of inertia

主形心惯性矩 principal centroidal moments of inertia

主形心轴 principal centroidal axis

转角 angel of rotation

转轴公式 transformation equation

自由扭转 free torsion

组合变形 combined deformation

组合截面 composite area

最大切应力理论 maximum shear stress theory

最大拉应变理论 maximum tensile strain theory

最大拉应力理论 maximum tensile stress theory

最大应力 maximum stress

最小应力 minimum stress

参 考 文 献

[1] 王凤勤,葛玉梅,王重实. 理论力学动力学实验教程[M]. 成都:西南交通大学出版社,2013.

[2] 同济大学航空航天与力学学院. 材料力学教学实验[M]. 上海:同济大学出版社,2010.

[3] 张克猛,徐志敏,沈卫洪. 理论力学实验指导书[M]. 西安:西安交通大学力学实验中心,2010.

[4] 广西大学机械工程基础实验教学中心. 力学实验指导书[M]. 南宁:广西大学机械工程基础实验教学中心,2007.

[5] 马良珵,等. 应变电测与传感技术[M]. 北京:中国计量出版社,1993.

[6] 郑秀瑗,谢大吉. 应力应变电测技术[M]. 北京:国防工业出版社,1985.

[7] 李德葆,沈观林,冯仁贤. 振动测试与应变电测基础[M]. 北京:清华大学出版社,1987.